控制断奶仔猪死亡率关键技术

主　编

崔尚金　曹华斌　宋伟红

副主编

潘　玲　刘红梅　吴家强

王凯波　杜以军　刘业兵

编著者

（按姓氏拼音排序）

曹华斌　陈国福　崔尚金

杜以军　刘立成　刘红梅

潘　玲　彭永刚　桑学波

师庆伟　宋伟红　王凯波

吴家强　卫喜明　许红喜

金盾出版社

内 容 提 要

本书由中国农业科学院哈尔滨兽医研究所专家精心编著,详细介绍了影响断奶仔猪死亡率的关键因素。内容包括:猪场建设,种猪的饲养管理,仔猪的饲养管理,仔猪疾病的诊断与治疗技术,影响断奶仔猪成活率相关疾病的预防与控制等,并以附表形式,介绍了常用药物配伍效果和常用药物的用法、用量与休药期。本书文字通俗易懂,内容科学实用,适合养猪场(户)畜牧、兽医技术人员以及各农业院校相关专业师生阅读参考。

图书在版编目(CIP)数据

控制断奶仔猪死亡率关键技术/崔尚金,曹华斌,宋伟红主编.—北京:金盾出版社,2013.12
ISBN 978-7-5082-8629-7

Ⅰ.①控… Ⅱ.①崔…②曹…③宋… Ⅲ.①仔猪—饲养管理 Ⅳ.①S828

中国版本图书馆 CIP 数据核字(2013)第 187450 号

金盾出版社出版、总发行
北京太平路 5 号(地铁万寿路站往南)
邮政编码:100036 电话:68214039 83219215
传真:68276683 网址:www.jdcbs.cn
封面印刷:北京凌奇印刷有限责任公司
正文印刷:北京军迪印刷有限责任公司
装订:兴浩装订厂
各地新华书店经销
开本:850×1168 1/32 印张:5.25 字数:123 千字
2013 年 12 月第 1 版第 1 次印刷
印数:1~8 000 册 定价:11.00 元

前　言

随着规模化、集约化养猪模式的快速发展，猪群疫病的种类越来越多，流行模式也越来越复杂，特别是近年来研究发现，由于免疫抑制导致暂时性或持久性的免疫应答功能紊乱，造成多种疾病混合感染，如猪高致病性蓝耳病、猪口蹄疫、非典型猪瘟、猪圆环病毒Ⅱ型感染等传染病的大范围暴发，其治疗难度大，死亡率高，给养猪业造成巨大的经济损失。同时，也有些疾病并不表现明显的临床症状，但往往造成母猪不发情、配种率低、产死胎和木乃伊胎，也严重影响猪场效益。目前通常采用的疫苗加抗生素的防控模式已无法有效控制疫病的流行，因此需要重新评估目前疾病流行的危害和防治措施，对过去防控模式进行反思，并寻求新的思路和解决办法。其中，进行系统营养保健和免疫调控以增强猪群免疫力将是今后发展的方向。

营养与疾病之间存在着非常密切的联系，动物的营养状况影响着机体的免疫功能即对疾病的抵抗力，机体的健康状况同样也影响着动物的营养需要模式。疫病防控已是综合系统工程，必须结合营养保健技术、免疫调控技术、饲养管理技术的推广应用。实施健康养殖、生物安全、饲料安全、营养调控等综合措施已成为保证养猪业健康发展的关键，也被广大科研人员及实践工作者所认同。

本书主要内容包括：猪场建设、种猪的饲养管理，仔猪的饲养管理、病原控制、仔猪疾病的诊断与治疗技术等，并以附表形式，介绍了常用药配伍禁忌与常用药物的用法，用量与休药期。养殖户通过学习，将极大地提高仔猪成活率，取得更大的效益，并起到较好的示范作用。书中的关键技术如果推广应用，必将会进一步丰富和完善我国断奶仔猪死亡的检测手段和控制手段，提高疫病防控能力，增强断奶仔猪及相关产业、产品的国际竞争力，彻底控制断奶仔猪死亡在我国造成的巨大危害，为我国重大动物疫病的防控工作提供有力支持。

由于编写时间紧迫，笔者水平所限，书中错误、遗漏之处在所难免，敬请广大读者批评指正。

编著者

目　录

第一章　猪场建设

养猪生产的首要问题是进行猪场的规划建设，猪场规划建设情况直接影响着后期的生产管理与养殖效益，这一点必须引起生猪养殖产业投资人的高度重视，因为现代生猪对养殖条件以及生产管理方式的要求与过去相比早已发生巨大的变化，所以在猪场规划建设时不能再用传统的养猪思想来指导猪场的建设，投资人在考虑自身资金投入能力外，更重要的是选择符合猪场建设基本条件要求的场地，设计符合生猪养殖工艺流程要求的栏舍，这样建设的猪场才能最大限度地满足猪只的生产需要，才能充分发挥猪群的生产性能，获得最大的养殖效益。

第一节　场址的选择

猪场场址的选择，应在国家相关畜牧用地政策允许的范围内，结合猪场生产性质、养殖特点、规模大小、饲养方式、管理要素及生产集约化程度等方面的实际情况，对选择场地地势、地形、土质、水源，以及居民点的位置、交通、电力、物资供应及当地气候条件等因素进行全面评估，做出科学、合理的布局规划。

一、政策要求

猪场建设用地应符合相关法律、法规与区域内土地使用规划，场址不得位于《中华人民共和国畜牧法》禁止的生活饮用水的水源保护区、风景名胜区，以及自然保护区的核心区和缓冲区、城镇居民区、文化教育科学研究区等人口集中区域和法律、法规规定的其他禁养区域。

二、环保要求

生猪养殖属于耗粮、耗水型畜牧业,在生产猪肉产品的同时会产生大量的粪便、尿液、生产污水和有害气体,这些物质如果处理不当就会造成环境污染。为达到环保要求,猪场选址时最好选择有大量种植板块的农田地带,而且周围要有水系,这样农田地可以大量地转化、吸纳粪污,使处理达标后的有机废弃物能够得到循环利用,同时绿色作物又可以大量吸收二氧化碳、硫化氢、氨气等有害气体和过滤、吸附粉尘等物质,起到净化空气和保护环境的作用。猪场周围的水系,能够使循环利用之外多余的生产污水处理达标后有排放的场所。

三、地势、地形要求

猪场建设场地应选择在地势较高、干燥、背风向阳、地形平坦、整齐开阔、地下水位 2 米以下、无洪涝灾害威胁、稍有斜坡(坡度25%以下)的无疫区。

地势是指场地的高低起伏状况。地势较高的场地有利于场区污水、雨水的排放,有利于节省猪场建设时排水设施的投资。场区内湿度相对较低,病原微生物、寄生虫及蚊、蝇等有害生物的繁殖和生存受到限制,猪舍环境控制的难度相对降低,卫生防疫方面的费用也相对减少。地势低洼的场地容易积水,潮湿泥泞,夏季通风不良、闷热,蚊、蝇和各种微生物易孳生;冬季则阴冷,环境温控难度增大,取暖费用支出增加。若在有坡度的地方建场,应选坡度在25%以下的缓坡向阳面,以便于施工和后期生产运输管理;而在阴坡场地由于缺少太阳辐射或湿度过大会影响猪群健康，不适于用作建设场地。

地形是指场地的形状、大小和地物（房屋、树木、河流、河坝等）情况。要求地形整齐、开阔，有足够可利用的面积。地形整齐便于充分利用场地和科学布置场内的建筑物。地形开阔有利于猪场的通风采光、施工运输和日常管理。地形狭长不便于场内建筑物的合理布局，会增加卫生防疫和环境保护的难度，给猪场的生产管理带来不便。场地面积过小，不利于通风、采光，同时增加火灾与疫病传播的风险。

四、土质条件要求

场区的土壤结构对猪场建设和猪群健康影响较大。适合猪场建设的土壤，应是透气性强、吸湿性和导热性小、质地均匀和抗压性强的土壤。沙土类的土壤因其颗粒较大，粒间孔隙大，透气透水性强，吸湿性小，易于干燥并且自净能力强，不易受场内粪尿的污染，比较适宜猪场的建设；而黏土类的土壤颗粒细小，粒间孔隙较小，透气、透水性弱，吸湿性强，容水量大，容易潮湿，形成泥泞和积水，建设猪场容易造成潮湿，孳生蚊、蝇，土壤的自净能力也较差，场区容易受到污染，同时由于容水量大，容易发生冻结变形，导致建设物基础损坏；沙壤土兼具沙土和黏土的优点，是建设猪场的理想选择，但受客观条件的限制，不必苛求。

五、水源、水质要求

猪场的水源要求水量充足，水质良好，符合生产绿色、无公害产品的质量要求，便于取用和进行卫生防护。水量充足是指可满足场内生活用水、猪只饮用及饲养管理用水（如调制饲料、冲洗猪舍、清洗用具等)的要求。猪场需水量见表1-1。

表 1-1 猪场需水量

猪 别	饮用量 (升/头·天)	总需要量 (升/头·天)
种公猪	10	40
妊娠母猪	12	40
带仔母猪	20	75
断奶仔猪	2	5
生长猪	6	15
肥育猪	6	25

水源质量对畜禽的生长繁育性能及畜产品的质量有直接影响,畜禽饮用水的品质要符合《无公害食品 畜禽饮用水质标准》(NY 5027—2008)的要求。因此,建场之前要对欲用水质从感官性状及一般化学指标、细菌学指标、毒理学指标3个方面进行评价,以确保水质符合饮用标准。畜禽饮用水水质标准见表1-2。

六、交通运输条件要求

规模化猪场在饲料、产品、废弃物和其他生产物资的运输方面任务繁重,一个年出栏万头商品猪的猪场仅饲料和生猪的运输量就近5 000吨,因此较好的交通运输条件就显得格外重要。但是出于防疫、卫生安全和环境保护的考虑,要求猪场建在较安静偏僻的地方,因此在保证交通方便的情况下,可根据实际情况合理确定猪场场址与交通主干道的距离。一般情况下,猪场要距离国道500米以上,距离省道300米,距离一般道路100米。如果猪场利用防疫沟、隔离林或围墙等屏障与周边环境隔开，可适当减小间距以方便运输和对外联系。

表 1-2　畜禽饮用水水质标准

项　目		标准值	
		畜	禽
感官性状及一般化学指标	色	≤30°	
	浑浊度	≤20°	
	臭和味	不得有异臭、异味	
	总硬度(以 $CaCO_3$ 计)，毫克/升	≤1500	
	pH 值	5.5～9	6.5～8.5
	溶解性总固体，毫克/升	≤4000	≤2000
	硫酸盐(以 SO_4^{2-} 计)，毫克/升	≤500	≤250
细菌学指标	总大肠菌群，MPN/100 毫升	成年畜 100，幼畜和禽 10	
毒理学指标	氟化物(以 F^- 计)，毫克/升	≤2.0	≤2.0
	氰化物，毫克/升	≤0.20	≤0.05
	砷，毫克/升	≤0.20	≤0.20
	汞，毫克/升	≤0.01	≤0.001
	铅，毫克/升	≤0.1	≤0.1
	铬(六价)，毫克/升	≤0.1	≤0.05
	镉，毫克/升	≤0.05	≤0.01
	硝酸盐(以 N 计)，毫克/升	≤10	≤3

七、生物安全要求

近年来由于猪病越来越复杂，发生区域越来越广泛，因此猪场选址时一定要经过实地调查研究，不能选在曾经发生过传染性疾病或周边疫情复杂的地区建场，同时在保证与疫病传播路径保持一定安全距离外，不能位于居民点的污水排出口以及化工厂、屠宰场、制革厂等容易产生环境污染企业的下风向或附近，而且距离居民点不少于1 000米，与其他畜禽养殖场的距离不少于2 000～3 000米，避免相互干扰。

第二节 猪栏舍的设计原则与结构

猪栏舍是指用固定围护结构圈围起来用于猪生产与生活的场所。猪栏舍包括外部结构与内部结构2个部分，其内、外结构一定要根据猪的生物学特性要求，同时结合当地的气候环境和实施的养殖工艺需要进行合理设计，因为这直接关系到猪群正常生产性能的发挥和饲养人员管理操作的方便性。

一、猪栏舍的设计原则

(一)符合猪的生物学特性要求 根据各类猪群对环境温度、湿度的不同要求，建设的栏舍室内温度最好保持在10℃～25℃，空气相对湿度保持在45%～75%，为了保持猪群健康，提高猪群的生产性能，一定要保证舍内空气清新、光照充足。

(二)适应当地的气候及地理条件 各地的自然气候及地区条件不同，对猪舍的建筑要求也各有差异。雨量充足、气候炎热的南方地区，主要是注意防暑降温；干燥寒冷的北方地区，应考虑防寒保温和通风换气。

(三)便于实行科学的饲养管理　在建筑猪舍时应充分考虑到符合养猪生产的工艺流程,做到操作方便、降低劳动生产强度、提高管理定额、充分提供劳动安全和劳动保护条件。

二、猪栏舍的结构

(一)外部结构　猪舍的外部结构使舍内、外保持相对的隔绝,舍内形成适于猪只生产的小气候环境。外部结构主要包括基础、墙体、屋顶、天棚、地面、门和窗等部分。

1. 基础　基础是猪舍地面以下承受猪舍的各种荷载并将其传给地基的构件。它的作用是将猪舍本身重量及舍内固定在地面和墙上的设备、屋顶积雪等全部荷载传给地基。对基础的要求应坚固、耐久、抗震、抗冻、防潮。建筑基础的材料主要有石头和砖等。为了稳固,基础必须建立在稳定的实土之上,可避免因沉降引发栏舍开裂和倾斜,基础宽应在 0.5 米以上,基础墙的顶部最好设防潮层(加 2 层厚塑料布也可以),以防止墙壁及舍内潮湿。

2. 墙体　墙体是基础以上露出地面的、将猪舍与外部空间隔开的外围护结构,由于其应具有一定的承载与防热散失的作用,因此要求坚固耐用和保温隔热性能良好。对于墙体的设计,常采用的是坚实耐用的实心砖墙结构,根据各地区气候条件的差异,可分别实行二四结构和三七结构。但是北方寒冷地区的猪舍在冬季和早春季节由于舍内外温差太大,窗台以下的墙壁常会结露,弄湿圈栏,为了弥补这一不足,采用空心墙即在窗台下三七墙的横砖与竖砖相接处留 5 厘米的间隙,其内不放任何物质成空心或用塑料薄膜包珍珠岩等物质放于其中,然后用砖、水泥抹严的措施可防止结露现象的发生。此外,可以采用楼体的节能保暖方案,在猪舍的外墙体贴 3～5 厘米厚的苯板对实心墙体实施改造,同样可以避免结露和起到增温的效果。由于国家对红砖生产的限制，砖的价格在持续上升，为了降低建舍成本，复合彩钢聚苯板已成为新猪场建设的重要材料，但是由于各地区气候的差异，选择该材料作为猪舍墙体建材时，一定要确定好保温层的厚度。另外，为了墙体下部坚实耐用和抗腐蚀性的需要，可以采取1米以下墙体采用砖墙的方案。

3. 屋顶 屋顶是猪舍的顶部承重围护构件，其作用是防止降水和保温隔热。屋顶的保温与隔热作用比墙大，它是猪舍散热最多的部位，通常可占到整个舍的3/4。对屋顶要求结构简单，经久耐用，保温隔热性能好。目前采用的材料主要有石棉瓦、单层彩钢瓦、复合彩钢聚苯板等，但使用石棉瓦和单层彩钢瓦做屋顶均需加设天棚，两者相比彩钢瓦质轻、经久耐用，但价格稍贵，而使用复合彩钢聚苯板就可以屋顶、天棚兼顾，但吸潮性能较差。

4. 天棚 天棚又叫顶棚、天花，是将猪舍与屋顶下空间隔开的结构，主要作用是加强猪舍冬季的保温和夏季的隔热。天棚能否起到应有的作用，取决于天棚结构的严密性和保温隔热层的材料与厚度。北方地区的天棚材料有柳条、苇板、木板等，常在其上铺油毡纸、塑料薄膜，然后铺上15～20厘米厚的稻壳、珍珠岩等保温隔热材料，为防止天棚与墙体衔接处封闭不严造成冷热空气交换，必须用泥或发泡剂等进行封堵，以达到真正的保温。

5. 地面 地面也叫地坪，指单层房舍的地表构造部分。猪舍的地面要求保温防潮、平坦坚实、光而不滑、不易渗水、易于清扫、便于消毒。对于猪舍的地面设计，过去采用的土地面、三合土地面、砖地面、木地面等，虽然保温性能好一些，但不坚固、易吸水、不便于清洗消毒，现在已很少使用。目前采用较多的是混凝土水泥地面，虽然保温性能差，但其他性能均较好，并且由于现代养猪设备的使用，多数养殖场的分娩舍和保育舍已经采用高床饲养，猪只不再接触地面，因此水泥地面保温性能差的问题就不必再考虑，而对于肥育舍、妊娠舍等，则可以根据当地的气候条件需要，抹水泥地面前，在猪只趴卧区夯实的基面上加设3厘米左右厚的苯板，这样做成的水泥地面具有防潮隔凉的作用，可以避免猪只趴卧时的热量散失。

6. 门 门的主要作用是作为交通出入口和分隔房间。门有内门和外门之分。猪舍的门要求坚固结实、耐腐蚀、防锈蚀，并且要有利于保持舍内温度和便于出入。门一般设在猪舍东西两端墙和南侧纵墙上。双列猪舍门的宽度不小于1.2米，高度2米左右，单列猪舍门要求宽度不小于1米，高度在1.8～2米。猪舍门应向外打开。在寒冷地区，通常设门斗加强保温，防止冷空气侵入，并缓和舍内热量的散失。门斗的深度应不小于2米，宽度应比门宽1～1.2米。

7. 窗 窗的主要作用是采光和通风换气，封闭式猪舍均应设置窗户。窗户的大小以采光面积对地面面积之比计算，种猪舍要求1∶8～10，肥育猪舍为1∶15～20。窗户的宽度应根据当地气候和使用材料而定，高度一般在1～1.2米，窗台距地面高度为1米，窗顶距屋檐40～50厘米，两窗间隔为宽度的2倍左右。北方寒冷地区，在保证采光系数的前提下，猪舍应尽量少设窗户，尤其是北窗，如种猪舍南北窗数量之比可为3∶1，肥育猪舍为1∶1，但无论南、北窗数量的多少，设置的窗户应南北对应，这样便于夏季通风。对于窗户的材质，木窗和钢窗由于保温密封性较差、利用年限短等原因，使用量越来越少，取而代之的是安装方便、保温性能好的塑钢窗。窗的开启方式可根据窗户的大小和气候条件而定，对于冬季风力不大的温暖地区，采用大窗体时最好选择推拉式窗户，既可对窗体起到保护作用，又可以根据气温的状况调整开窗的面积；对于冬季风力大的寒冷地区，最好选用平开式窗户，可以有较好的密闭性，防止热量散失。

(二)内部结构 猪舍的内部结构是将猪群划分成相对独立的结构单元，包括大的单元结构与小的猪栏结构。

根据现代养猪生产的需要，猪只要实行“全进全出”的饲养管理方式。“全进全出”就是指在同一时间内将同一生长发育或繁殖阶段的猪群，全部从一栋猪舍移进，经过一段时间饲养后，再在同一时间移出转至另一猪舍，这样可避免不同猪舍间猪混群时的疾病传播。要想达到这一目标，在猪舍进行内部结构设计时，就要根据实行的养殖工艺与猪群的存栏规模进行单元结构的合理划分。一般猪场是以基础母猪的数量为基准，然后根据实行的繁殖节律进行划分，其他猪舍则根据母猪的繁殖节律设计对应的单元结构。如 600 头基础母猪的猪场，以周为繁殖节律生产，每周 24 头母猪生产，单元结构可设计成同时容纳 24 头母猪共同分娩的双列对尾式三通道形式，而对应的保育舍、肥育舍则按照 240 头仔猪的规模进行单元设计即可满足生产需要。

(三)猪栏结构与设置 猪栏结构设计是指猪栏的整体结构框架及其舍内的合理性排布。

1. 公猪栏与空怀母猪栏 一般公猪与空怀母猪饲养在同一猪舍内，公猪实行单栏饲养，栏长 2.8 米、宽 2.4 米、高 1.2 米；母猪实行单栏饲养或群养，单栏饲养栏长 2.1 米、宽 0.6 米、高 1 米，群养栏的高度在 1～1.2 米。猪舍内一般采用双列单通道式排列，猪栏配置方式主要有 2 种，一是公猪栏与母猪栏前后相对各成一列，二是 1 头公猪栏对应 4 头母猪栏，母猪采用定位饲养，公猪栏位于母猪栏的后侧。比较两种配置方式，采用母猪定位饲养的排列方式，便于用公猪检查鉴定发情母猪和对母猪进行管理，但是一次性投资较大；而采用母猪群养的排列方式，母猪可以小范围运动，而且 1 头母猪发情，可以爬跨刺激其他母猪共同发情，同时有利于公猪诱情和发情检查。

2. 妊娠母猪栏 妊娠母猪栏主要有 2 种，一种是大栏，每栏饲养 4～5 头母猪，面积在 10 米^{2}左右，为防止母猪争食咬斗，可在栏的前部安装长 60 厘米、宽 55～60 厘米的半限位栏，舍内采用双列单通道式排列；另一种是个体限位栏，每头母猪配置一个长210～230厘米、宽60～65厘米、高90厘米的固定栏位，舍内采用双列三通道式排列，人工饲喂时多是对头排列，机械自动饲喂时多是对尾排列。比较两种妊娠栏，大栏饲养的母猪可以在栏内进行小范围的运动，有利于增强母猪体质；而个体限位饲养的母猪管理方便，但是母猪由于缺乏运动等原因，利用年限缩短。另外，不受场地限制的猪场，可以采用吃食、睡觉、排泄三区分开的母猪康乐饲养模式，也可以采用国外引进的母猪群养智能化自动饲喂系统进行管理。

3. 母猪分娩栏　母猪分娩栏主要有2种，一种是地面分娩栏，长280～300厘米、宽180～200厘米、高80厘米，母猪多不设饲槽，地面饲喂，饮水器设在栏门附近，多采用地热供暖，舍内采用双列单通道式排列。另一种是高床分娩栏，长210～230厘米、宽160～180厘米、高40～60厘米，距离地面20～50厘米，栏中间是母猪限位架，宽60～65厘米、高90～100厘米，两侧是仔猪活动的地方，宽度在40～70厘米，母猪的饲槽、饮水器设在前门处，仔猪饮水器多设在栏后部的尿沟上方，舍内采用双列三通道式排列，为方便清粪需要，呈对尾式排列；为方便喂食需要，呈对头式排列。比较两种分娩栏，舍内占地面积相同，但地面分娩栏仔猪成活率低，而且饲养员劳动强度大，高床分娩栏相比操作方便，仔猪成活率高，因此新建的大型猪场，多采用高床分娩栏。

4. 仔猪保育栏　仔猪保育栏主要是高床形式，根据仔猪原窝或双窝的不同保育方式，保育栏的大小一般为原窝长200厘米、宽160～170厘米，双窝长360厘米、宽220厘米，栏的高度均为60～70厘米，栏面距地面50厘米，饮水器位于栏内靠近尿沟的一侧，饲槽则位于对侧，为便于清洗消毒，保育栏下的水泥地面要有高落差的坡度，舍内多采用双列三通道式排列。此外，发酵床保育栏作为一种新的保育形式已被证实比较适合于保育猪使用，王家圣等

(2009)报道，将原有高床栏、漏缝地板拆除，地面下降 80 厘米，南北面为翻窗(长 90 厘米、宽 70 厘米)，东西面分别为大门(高 2.5 米、宽 1.7 米)和排风扇(长 1.4 米、宽 1.4 米)2 个，舍内为 1 米走道，1.2 米料台，1.2 米饮水台，其余为发酵池，转入仔猪 5 010 头，死亡 160 头，育成率由原来的 85%提高至 96.8%。洪齐等(2010)报道，利用一些高效微生物与垫料制作 30 厘米左右厚的发酵床饲养 6 235 头保育猪，65～75 日龄平均个体重达 29.3 千克，比同期高床保育猪平均个体重 26.5 千克增加 2.8 千克，增长 10.57%，料肉比发酵床为 1.78∶1，比高床 1.89∶1 的饲料利用率提高 5.82%。由此可以看出，在垫料原料充足的地区适宜应用发酵床进行仔猪保育。

5. 生长肥育猪栏 生长肥育猪栏的设计几乎大同小异，多采用水泥硬地面或水泥地面与半漏缝地板结合的方式，猪栏以 20 米^{2}左右的长方形栏为主，便于各区位的划分，饲槽多位于 2 个猪栏的间墙处，饮水器根据尿沟位置不同，有的设在栏门附近的间墙上，有的则设在猪舍围护结构的内墙壁上，舍内采用双列单通道式排列。此外，万熙卿等(2007)报道，生长肥育舍采用双列式栏圈设计，中间留 1.1 米宽的多用通道；每个栏圈面积 12 米^2，地坪直抵南北两边主墙(预设 12 厘米宽的出粪口)，其中 1/3 为实心板，2/3 为漏缝板条式混凝钢筋制地板，板条宽 9 厘米，缝宽 2 厘米；整个地板抬高 80 厘米，底部地坪呈 30°坡度并用水泥抹光，粪沟在两边墙外侧。这样设计的生长肥育猪栏更为简便、省工，而且舍内通风好、异味小，省水、干燥，虽然一次性投资较高，但从利用面积和猪只生长状况考虑还是比较合算的。

第三节 分娩舍的设计

分娩舍是用于母猪分娩和培育哺乳仔猪的地方。在此，由于仔猪刚刚出生，身体的各项功能不完善，调节能力较差，因此对舍内的环境条件要求较高，合理的分娩舍设计，既能为仔猪提供适宜的生长环境，又能有效地防控疾病间的传播，这对于提高哺乳仔猪的成活率，保证断奶仔猪的健壮十分关键。

一、分娩舍的单元结构

分娩舍的单元结构设计对于实行“全进全出”的生产管理制度，有效避免疫病的交叉传染，提高哺乳仔猪的成活率和断奶时仔猪的健壮起着至关重要的作用。分娩舍的单元结构要根据猪场的基础母猪数量和实行的繁殖节律制度进行设计，如年出栏万头肥猪的规模化猪场，按基础母猪 600 头计，以周为繁殖节律生产，每周要有 24 头母猪分娩，单元结构即可设计成同时容纳 24 头母猪共同分娩的双列三通道对尾式排列，这样便于饲养人员进行生产管理，卫生条件也较好；对于有 300 头基础母猪的规模化猪场，以周为繁殖节律生产，每周 12 头母猪分娩，单元结构可以设计成横向双列三通道对尾式或纵向双列三通道对尾式排列，根据气候条件状况，寒冷地区最好为小单元结构，设置一条北侧走廊，这样有利于分娩舍的冬季保暖需要；对于规模再小一些的猪场，选择纵向双列三通道对尾式设计，每个单元 8 头母猪的分娩栏位即可满足生产需要；对于实行双列式的单元结构设计，无论采用纵向还是横向方式，保温区侧置，其宽度保持在 8 米即可。若保温区前置，其宽度在 8.5～9 米即可，其长度设计可根据单元内的分娩栏数量而定。

二、分娩舍的栏位设置

分娩舍内的栏位设置方式对于提高饲养人员的劳动效率，节省更多的时间来照顾仔猪起着决定性的作用。分娩舍内的栏位设置主要是采用双列三通道对尾式和双列三通道对头式设计，虽然两种设计方式只是母猪体位不同，但饲养员工作起来则大不一样。因为母猪饲喂是在同一时间段内进行，由饲养员来掌控，而母猪排便则是不定时的、不是人为能够控制的，因此采用对尾式设计，饲养人员在喂完饲料后，能够在中间通道上同时进行清粪和仔猪照顾两项工作，工作起来十分便利，而采用对头式设计，虽然喂料方便，但是喂料后则是围绕舍内的两侧通道转圈工作，没有更多的时间对仔猪进行同期照顾，特别是对要求粪便不能落到分娩栏上的猪场来说难度更大；对于采用机械化饲喂的猪场来说，采用对尾式单通道设计不但便于管理，而且还可以节约两条饲喂通道的舍内建筑面积。

三、分娩舍的环境调控

分娩舍的温度、湿度和气体环境对于哺乳仔猪的健康起着重要的作用。首先就温度来说，由于哺乳仔猪自身体温调节能力差，需要稳定的外界环境温度来予以支持，因此分娩舍内要有外源性的热能供应，目前应用的有中央空调、燃煤水暖锅炉、燃煤热风炉和普通燃煤炉 4 种方式。经过比较发现，中央空调供暖方式效果最好，具有集调温、除湿、通风换气于一体的优点，可有效解决通风就不能保温、保温就不能通风的矛盾。除了舍内大环境的温度调控以外，仔猪生活区尚需 24℃～34℃的小环境温度调控，目前应用的有普通电热板、温控地暖板和保温灯等，相比发现温控地暖板具有温度稳定、节能、便利的优点，值得提倡使用。其次是舍内的湿度控制，要想保证舍内 50%～75%的适宜空气相对湿度，除了有效地通风换气外，就是减少舍内的尿液残存。为防止舍内大量积尿，分娩栏下的地面要做成高落差的斜坡，这样可以使母猪尿液迅速流进尿沟并顺其流入地下尿井。为防止饮用水弄湿地面增加舍内湿度，母猪饮水器最好设在饲槽上方、仔猪饮水器设在离尿沟近的地方或用杯状仔猪饮水器，这些措施可有效降低舍内的湿度。通风换气可保持舍内空气清新，有利于仔猪正常的机体代谢和避免呼吸道疾病的发生，但是由于仔猪对环境温度要求较高，普通换气势必会降低舍内温度，尤其是在寒冷的冬季，因此要达到换气不降温的目的，最好选用中央空调或墙体内循环系统等方式。

第四节　分娩栏的设计

分娩栏是指用于母猪分娩、仔猪保暖和补料，并可限制母猪起卧活动，减少母猪压死、踩死仔猪的栏架。分娩栏分为地面和高床2种类型，地面分娩栏一般采用地热取暖，钢筋焊接护仔区，母猪多不做定位饲养，活动空间较大，对产后母猪的体质恢复较为有利，但由于管理起来不方便，饲养员劳动强度较大，而且仔猪易受地面环境的影响，腹泻情况较为严重，因此新建猪场较少使用；高床分娩栏实行母猪定位、仔猪离地饲养，对仔猪的保护性更强，仔猪成活率更高，管理起来也更加方便，因此猪场多采用此类分娩栏。为了更好地设计与合理使用高床分娩栏（以下简称分娩栏），以下将从分娩栏的类型、结构变化等方面进行详细介绍。

一、分娩栏的类型

分娩栏的类型较多，但按护仔架的形状可大致分为4类：圆形分娩栏、椭圆形分娩栏、矩形分娩栏和组合分娩栏。

（一）圆形分娩栏　据高海霞等（2002）报道，圆形分娩栏主要有2种，一种是由Lou和Hurnik设计的，护仔架为圆形、直径170厘米、高92厘米，周围栅栏间距30厘米，分娩栏距床面25厘米，使仔猪很容易通过底栏。栏内设有饲槽(可以打开作为栏的入口)和自动饮水器(安装在栅栏上)。仔猪的补饲槽、饮水器和保温区设在圆形护仔栏外。另一种是由意大利的 David 和 BobiKennett 设计的,能同时容纳 2 头母猪,其栏外缘装有 5 条倒形腿,固定在地面上,母猪躺下时碰不到倒形腿,也不能把仔猪挤在身体与栅栏间。分娩栏直径 200 厘米,由地面至栏顶高 100 厘米,底栏距床面 18 厘米,以便于母猪躺下时仔猪可以逃避。栏内设有自动饮水器,饲槽安置在栏门的栅栏上。圆形分娩栏可使母猪自由转动,改善了福利状况。母猪躺下时只有头和脚接触到栅栏,不会把仔猪挤住。但是,母猪趴卧时的突然改变姿势(滚动),加大了仔猪的压死率。同时,其占地面积增大,提高了饲养员的劳动强度,增加了生产成本。

(二)椭圆形分娩栏　据高海霞等(2002)报道,椭圆形分娩栏主要有 2 种,一种是由 Lou 和 Hurnik 设计的,是根据其 1991 年设计的圆形分娩栏改进的。分娩栏距地面 25 厘米,由 4 根圆管做腿支撑。护仔架由 2 种类型的钢材制成:圆管(d=4.2 厘米)组成水平椭圆形圆环,实心的圆形钢条(d=1.5 厘米)组成周边竖立的栅栏,钢条向外弯 20 厘米,呈“双层”结构。这种结构是根据母猪由站立变为躺卧姿势时斜靠墙的斜度设计的,由于这个斜度,使护仔架围成一个具有较小水平面积,而当母猪站立时有较大空间的结构。整个护仔架由 3 部分组成,即前片和两个侧片。前片安装了一个进料器,可以摇动打开作为栏的入口。侧片的结构与母猪侧卧时背部的弯曲度类似,栏内最大直径为 170 厘米,最小直径为 120 厘米,高 60 厘米。栏外在包括护仔架在内的 200 厘米×175 厘米的范围内为仔猪活动区,设有保温区、补饲槽及自动饮水器。另一种是由 Bradshaw 和 Broom 设计的,在 240 厘米×200 厘米的范围内装有椭圆形母猪限位区和仔猪活动区。母猪限位区直接固定在有坡度的地面上,母猪可以在里面自由转动或改变姿势。

仔猪保温区在限位栏一侧的200厘米×60厘米的范围内。另一侧是由30厘米高的门槛隔开的200厘米×170厘米的母猪趴卧区,门槛受到压力时可降低为20厘米,不受压力时可恢复原来的高度,这样就只能允许母猪出入。这种分娩栏既允许母猪在站立时转动身体,又限制了母猪在躺卧时的身体滚动,既满足了母猪活动的需要,又达到了保护仔猪的目的,但其制作工艺较复杂,成本较高。

(三)矩形分娩栏　矩形分娩栏主要是限位架平行摆放的结构形式,这种结构的分娩栏长210厘米、宽180厘米、高30厘米,中间是母猪的限位架,长210厘米、宽60厘米、高100厘米。限位架两侧分别由4根横管构成,最下面的横管距离床面25厘米,其上焊接耙齿式栏杆,与水平面之间的夹角为45°,这些横管与耙齿可以防止母猪突然由站立躺下时压着仔猪,同时可防止体型小的母猪从限位架底部钻出。限位架前侧安装母猪饲槽和自动饮水器,后端安有可防止母猪后退的装置,并设有可供母猪进出的栏门;限位架两侧是仔猪活动区,宽度在40～70厘米,在较窄的一侧设有仔猪饮水器,另一侧设保温区和补饲槽,整个栏面由全漏缝或半漏缝地板构成,栏体距离地面30厘米。这种分娩栏多实行定位饲养,限制母猪的活动,因此母猪发生肢蹄病较多、利用年限降低,但是管理方便,可大大降低母猪压死仔猪的死亡率和有利于提高劳动生产率,而且分娩栏的制作简单,生产成本较低。

(四)组合式分娩栏　组合式分娩栏按护仔架的形状划分实际是属于矩形分娩栏的范畴,但与矩形分娩栏相比,限位架具有独特的可拆卸性,因此在这里进行单独介绍。朱海生等(2009)报道,组合式分娩栏长2.6米、宽2.2米、高0.5米;限位架长2.1米、宽0.6米、高1.05米。限位架前侧是母猪出入用栏门,栏门上安装母猪饲槽,饲槽上方是母猪的自动饮水器,限位架后部设置一个门,供清理粪便时使用。组合式分娩栏后侧一角安装仔猪的自动饮水器，限位架使用直径6.7厘米的铁管焊接而成，两侧各用4根横管，相邻两管间距20厘米，最下面的管距床面30厘米。限位架两侧都可以打开，打开后固定在组合式分娩栏的两侧，这时母猪活动面积达2.1米×2.2米。限位架在母猪分娩后7天打开。仔猪的保温区设在组合式分娩栏的前方，仔猪保温区面积为0.5米×2.2米，与母猪限位架相邻一面为铁栅栏，另外三面为塑钢板。保温区地下为水暖结构，在哺乳期间，通过热水给仔猪保温区加热。经过与固定型矩形分娩栏比较，组合式分娩栏增加了母猪的活动空间，减少了对母猪身体的限制，母猪可以自由地表达各种行为，活动量增加，改善了母猪的福利状况，母猪的采食量和仔猪的日增重均有所提高。

综合比较以上几种类型的分娩栏，圆形、椭圆形分娩栏虽然在保护仔猪的同时给母猪以一定的活动空间，提高了母猪的福利待遇，但是由于制作工艺复杂、生产成本高等原因，并没有在市场上得以推广，尤其是在我国还没有见到应用报道；矩形分娩栏虽然对母猪有一定的伤害，但由于制作工艺简单、生产成本低，而且能大幅度提高仔猪的成活率和降低饲养人员的劳动强度，因此在我国及世界其他国家得到了普遍应用；组合式分娩栏是基于矩形分娩栏对产仔母猪实行限位固定的一种改进方式，从报道的研究效果来看，母猪在得到应有的福利之后，能够自由地表达各种行为，而且生产性能也有所提高，可见这是分娩栏改进的又一创新。

二、分娩栏的具体设计方法

分娩栏作为母猪分娩的主要用具，虽然具有众多的优点，但要想真正体现其功能，科学合理地设计是关键。鉴于矩形分娩栏的广阔市场应用面，以下将从尺寸、结构形式、制作材料等方面对其进行详细介绍。

(一)分娩栏的尺寸设计　分娩栏各部位的尺寸设计是其整体功能体现的关键。

1. 栏体尺寸　分娩栏的栏体尺寸与猪场选用的母猪品种及体型有关,传统分娩栏长 210 厘米、宽 160～180 厘米,母猪限位架高 90～100 厘米、宽 60 厘米,这种尺寸的分娩栏可以满足地方品种改良猪及早期培育的国外瘦肉型猪种的生产需要。但是随着现代大体型瘦肉品种猪的培育,如北京六马成年种猪有 50%以上的个体身长超过 200 厘米,选择这种体型品种猪养殖的养猪场,传统分娩栏的尺寸只能满足猪第一、第二胎次的生产需要,第三胎以后无论是限位架的长度还是宽度都难以达到生产要求,母猪头部直抵饲槽下端,臀部则处于分娩栏的后门处。因此,需要将分娩栏的长度调整到 220～230 厘米,限位架的宽度调整到 65～70 厘米。另外,由于现代仔猪生长迅速,为给仔猪提供更大的活动空间,分娩栏宽度可调整到 200 厘米。

2. 限位架尺寸　限位架作为分娩栏的主要构件,各部位的尺寸对母猪的生产及管理起着关键的作用。限位架除了长 210～230 厘米、宽 60～65 厘米、高 90～100 厘米的基本尺寸之外,还要注意防压及调节杆的尺寸。限位架两侧一般是由 4 根横管构成,相邻两管间距保持在 20～25 厘米,最下边的一根横管(固定式)与栏面的距离要保持在 25～30 厘米,上面焊接弧形的护仔耙,护仔耙的间距不应大于 30 厘米,在靠近母猪头部的 3 根护仔耙间距不应大于 25 厘米,以防止母猪头部被卡,为了适应不同身长母猪在限位架内的生产需要,多在限位架后端设 2 个档位,用一杆或门来调节长度。新型欧式分娩栏限位架最下面的护栏多是一弧形管,由一活动杆连接,随着仔猪生长哺乳的需要逐渐向上调节,限位架后端可以向两侧调整宽窄,可以根据母猪的体况需要进行灵活调整,使用起来更加方便。

3. 围栏高度　围栏是分娩栏上用于防止仔猪逃离的结构,其高度的设计与哺乳仔猪的饲养时间有直接关系，对于早期(21～28天)断奶的仔猪，栏高不宜超过45厘米，这样方便饲养人员管理，也有利于节约劳力，但超过28天或更晚时间断奶的仔猪，则可提高至60厘米。

4. 栏面高度 栏面高度是指分娩栏的床面距地面的距离，它的设计直接关系到猪只生活环境的舒适性。吴同山等(2004)报道，传统分娩栏一般距地面15～20厘米，最低的有10厘米左右，通风状况差、湿度大、仔猪腹泻和呼吸道疾病多，改进后的分娩栏距地面40～50厘米，母猪上栏和下栏时采用垫板，这样能够保持栏内干燥，地面冲洗彻底，通风状况好，减少呼吸道疾病的发生。

(二)分娩栏的结构形式 分娩栏的结构形式多样，下面以母猪限位架的摆放方式来进行介绍。

1. 平行摆放式 是指与分娩栏方向平行的方式安装限位架，限位架可以置于每个分娩栏中线稍偏向一侧的位置。限位架的位置确定后，即可确定仔猪保温区的设置。一种是保温区侧置，设在2个分娩栏相邻较宽一侧的中间位置，有的是采取在此区域设一块加热板，中间用隔板分开，2个分娩栏共同使用一个加热区的模式；有的是采用在此区域同方向相接放置2个保温箱，并用钢管将保温箱夹在中间固定的模式。采用保温区侧置这种方式，可以很方便地取走中间的隔板或保温箱，使仔猪在断奶前就混群，减少断奶混群应激。另一种是保温区前置，即设在母猪分娩栏的前方，这样母猪产后可以随时观察到仔猪的存在，有利于增强母性行为。另外，保温区前置后，可为仔猪在分娩栏内留出更大的活动空间，有利于仔猪的生长。但保温区前置也存在一个问题，就是在原有分娩栏的基础上额外增加了保温区的宽度，一般为50厘米，占用了更多的房舍面积。

2. 斜置摆放式 又叫Z形对角线斜行排列式，即母猪的限位架与分娩栏的方向具有交叉性。采用这种摆放方式，仔猪的保温区多设在分娩栏内形成的三角区域内。张佳等(2008)报道，一些人认为这种形式能够最大限度地利用分娩栏的地板空间，而且在分娩栏前方一侧提供了一个相对较大的三角形教槽区，在采用部分地面为漏缝地板的情况下斜置式限位栏比平行摆放的限位栏更容易保持产床内的清洁和干燥。斜置设置较平行设置节省约30%的面积。

综合比较以上2种结构形式，斜置摆放式虽然可以在一定程度上节省分娩栏的面积，但是以牺牲一部分仔猪的活动空间为代价的，同时要对仔猪进行作业时也很难捉到。另外，从布局角度来看，斜置摆放式的喂料和饮水系统安装不如平行式方便。因此，在我国主要采用平行式摆放结构形式。

(三)分娩栏的制作材料　随着各项研究的开展与新型材料的出现，分娩栏制作的材料呈现多元化。

1. 栏面　栏面主要由2个部分构成，一是母猪限位区部分，主要起承载母猪体重的作用；二是仔猪活动区部分，主要起隔凉、防潮、易清洁的作用。由于2个部分的功能作用不同，因此在材质选择上应有所侧重。在分娩栏刚进入市场时，整个栏面是由编织的钢网或钢筋焊接而成，没有功能区分且质地软、不耐腐蚀。随着新材料的开发，如今母猪限位区多采用球墨铸铁漏缝地板，坚固耐用，承载力强，仔猪活动区多采用塑料漏缝地板，隔凉、易清洁。现在一些厂家又利用钢筋、高强保温水泥、石沙等材料生产出水泥漏缝地板供选择使用。

2. 围栏　围栏的主要作用有两方面，一是为仔猪提供一个活动的空间，防止仔猪乱跑；二是为仔猪提供一个保暖的环境。围栏的制作材料主要有2种，一种是用钢筋(6毫米)与钢管(6分)焊接，主要起固定活动空间的作用；另一种是具有防水、防潮、耐腐蚀功能的PVC板，间隔起来起固定活动空间和保暖的双重作用，但价格相对较高。在采用PVC板做围栏时，为防止夏季分娩栏内的温度过高对母猪造成热应激,可采取钢筋与PVC板结合使用的方法,靠近母猪头部两侧的间隔围栏焊成50厘米宽的钢筋围栏,这样有利于空气流通,便于散热。

3. 限位架 限位架的主要作用是限制母猪的自由活动和增加起卧时间,为仔猪提供逃避的机会,因此限位架要具有一定的承受力,坚固耐用。目前制作材料主要是钢管,但有两种不同的形式,一种是利用钢管焊接,然后在表面刷上防锈漆;另一种是焊接成型后浸入到熔化的锌水中,达到任何部位都包裹锌层,相比热镀锌的形式更加经久耐用,但是价格相对较高。

4. 底架 底架是栏面的一个包裹框,起到衔接和支撑漏缝地板的作用。制作材料有角铁、铸铁等,相比来说铸铁材料较好一些。

5. 支腿 支腿是对分娩栏及母、仔猪的重量起到支撑的作用。由于处在底部,与水、尿液等直接接触,因此制作材料要具有防潮和抗腐蚀性。目前较好的制作材料是铸铁板和高强度的水泥柱。

(四)分娩栏上的饲养设施 分娩栏上的饲养设施主要有母猪饲槽、仔猪补饲槽、饮水器和保温箱。

1. 饲槽 饲槽是供母猪采食之用,设在母猪限位架的前方。目前市售的饲槽主要是不锈钢、铸铁饲槽。张佳等(2008)报道,饲槽的设置高度与母猪躺卧时利用饲槽下的空间有关,如果躺卧时母猪把鼻放在饲槽下面,饲槽底部距离栏面至少要有14厘米的高度;如果要让母猪把整个头放在饲槽下面,这一高度就要增加至25厘米。万熙卿等(2006)报道,一种新的水料同槽设计可以提高泌乳母猪的采食量,方法是用混凝土预制半球形饲槽,槽高40厘米,槽壁厚3厘米,槽口呈椭圆形(25厘米×22厘米),槽口采食端向内平凸1.5厘米,饮水器直接竖立安装在槽内壁正前方,距槽底5厘米,槽体向采食端倾斜10°安装,采用这种方式母猪可以根据自身喜好进行干料或湿拌料采食，以自然方式饮水，在满足饮水的同时，可提高日采食量，尤其是在酷热的夏季，每天采食量可提高0.5千克以上。

2. 补饲槽　补饲槽主要用于哺乳仔猪补饲之用。仔猪出生后5～7天即可在饲槽内撒入少许饲料进行开食补饲，其目的是刺激仔猪胃酸的分泌，促进消化系统的发育，20天左右向饲槽内逐渐加料，其目的是弥补母乳不足，促进仔猪的生长发育。补饲槽一般置于分娩栏的后部，这样可防止母猪饮水溅湿槽内的饲料。目前市售的补饲槽主要是直径30厘米的圆形槽，一种是铸铁制成，比较笨重，放入分娩栏内即可使用；另一种是塑料补饲槽，较轻，在其下部有一挂钩，将其伸入漏缝地板，然后转动上部的转动杆即可固定使用。此外，胡成波(2008)报道，可自行定制木制补饲槽，3～15日龄仔猪的补饲槽高5厘米、宽10厘米、长30厘米，每隔10厘米钉一横木条划分为3个槽口；15～35日龄仔猪的补饲槽长60厘米、宽18厘米，前高10厘米，后面及两侧挡板高18厘米，在饲槽上每隔12厘米钉一横木条划分为5个槽口。这种木制补饲槽比金属补饲槽暖，仔猪愿意上槽，开食补料效果更好。

3. 饮水器　饮水器是用来给猪只提供清洁饮水的装置。虽然猪场均采用自动饮水器，但合理的设置是关键，尤其是对高水量需求的泌乳母猪来说，饮水的方便程度直接影响到泌乳量。分娩栏上的母猪多采用鸭嘴式或乳头式饮水器供水，饮水器置于母猪饲槽上方，其高度与母猪肩部平行，达到65～75厘米，饮水嘴要向下倾斜15°，方便母猪饮用。另外，万熙卿等(2006)报道，可实行水料同槽方式供水，母猪可以以自然方式饮水，可完全满足夏季30升以上的日饮水需求。

仔猪虽然较小，对水的需求量少，但饮水器的设置也会关系到仔猪的健康。目前多数猪场选用的是鸭嘴式饮水器，并且部分猪场将其设置在母猪饮水器的下方。这样的设置，一是仔猪很可能被母猪的饮落水溅湿身体，冬季易引起仔猪体热的散失；二是母猪分娩前闹圈时，部分母猪会拨弄仔猪饮水器弄湿地面，仔猪饮水时的落水也会导致地面潮湿，增加舍内湿度；三是由于母仔共用一套饮水系统，仔猪出现群发性疫病时，无法进行加药控制。因此，仔猪最好单独设置饮水系统，饮水器设于母猪分娩栏的后端，置于尿沟的上方，有利于饮落水快速进入尿沟流走。另外，仔猪最好选用杯式饮水器，既节水又可防潮湿。

4. 保温箱 保温箱是为新生仔猪提供外源性热量的装置。保温箱由两部分构成，一是底部的电热板，起到提供热源的作用；二是上部的盖，起到防止热量散失的作用。电热板有2个控制挡，多在60～150瓦，可根据温度需要进行换挡调控，缺点是温度不能稳定自控，不过比红外线灯、白炽灯使用效果好。目前市售的保温箱主要是玻璃钢材质的，但各厂家的产品质量存在较大的差异，应选择正规厂家生产的，质量更有保证。此外，市场上出现了一种温控地暖板，由发热电缆、温控系统和水泥混凝土等材料制成，可根据需要在10℃～40℃进行温度调控，使用起来更加方便、节能，效果也更好。

第二章　种猪的饲养管理

第一节　种猪的合理选择

种猪的选择及引进是新建场的首要技术要点。规模化养猪场能否取得良好的效益，关键看品种，只有引进优秀的种猪，才能建立起良好的基础猪群。良好的繁殖性能和肥育性能决定着种猪的生产潜力，健壮的体质决定着种猪的利用强度和使用年限，健康无病的群体决定着整个猪场的安全问题。特别是新建猪场，因缺乏引种经验、专业知识和技术力量等，使引种过程和引种后的管理出现问题，给养殖户带来不必要的损失。种猪的选择与引进是生猪生产过程中至关重要的环节，本节根据规模化养猪场的具体情况，结合生产实践，探讨有关种猪的选择及引进技术。

一、制订科学合理的引种计划

在引进种猪前首先要结合本场实际情况制定科学的引种计划。科学的引种计划包括品种(大白、长白、皮特兰、杜洛克)、种猪级别(原种、祖代、父母代)和引种数量(关系到核心群的组建)。一般猪场采用本交时，公、母猪的比例为1∶20～25，采用人工授精时，公、母猪比例为1∶100～500。但在实际生产中，引进的公猪往往要多于此比例，以便个别公猪不能用，耽误母猪配种，增加母猪的无效饲养日。在体重上要大、中、小搭配，各占一定比例。种猪应是繁殖性能优良、符合杂交方案要求的纯种或杂种，如培育品种(系)或外种猪及其杂种,应来自于经过严格选育的种猪繁殖场;杂交用的种公猪,最好来自于育种场核心群或经过种猪性能测定中心测定的优秀个体。建议选择能够提供健康无病、性能优良的种猪且服务一流、信誉佳的大型种猪公司。另外,在引种时尽量从1家种猪场引种(最多不可超过2家),因为各个猪场的细菌、病毒存在的环境差异较大,而且某些疾病多呈隐性感染,一旦不同种猪场的猪混群后暴发疫病的概率将大大提高。

二、确定引进品种及利用

在引进种猪前要根据当地的气候和本场的规模、饲养水平以及饲养目标确定引进的品种和种猪级别。一般以出售商品猪为目的自繁自养的养猪场没有必要引进原种或祖代的种猪,引进父母代或终端种猪即可。下面对我国目前使用较为广泛的品种做一介绍。

(一)长白猪 原产于丹麦,白色。体躯呈楔形,前轻后重,头小鼻梁长,两耳大多向前伸,胸宽、深适度,背腰特长,背线微呈弓形,腹线平直,后躯丰满,乳头7～8对。平均产仔数11头,胴体瘦肉率65%,背膘较薄。在杂交配套生产商品猪体系中既可以用作父系,也可以用作母系。我国目前饲养的长白猪主要来自丹麦,也有些来自比利时,在养猪行业中通常叫做施格。

(二)大白猪 大白猪也叫大约克夏猪,原产于英国约克郡。大白猪经不同的选育方法,形成大、中、小3种类型。大白猪全身白色,头中等大小,面部微凹,耳适中直立,胸宽深适度。肋骨拱张良好,背腰较长,略呈弓形,臀宽长,后躯发育良好,腹线平直,四肢高而结实,乳头6～7对。平均产仔数11头,生长发育较快,体型较大。大白猪是目前世界养猪业应用最普遍的猪种,作为父系和母系,应用于杂交生产和配套生产体系都有良好的表现。在杜长大杂交生产体系中，大白猪作为母系母本使用。我国目前饲养的大白猪主要来自加拿大、英国和法国，称为加系、英系或法系大白猪。

(三)杜洛克猪　原产于美国。全身棕红色或红色，体躯高大，粗壮结实，头较小，面部微凹，耳中等大小，向前倾，耳尖稍弯曲，胸宽深适度，背腰略呈弓形，腹线平直，四肢强健。平均产仔数9头，母性较强，育成率较高。产肉性能优良，成年体重较大。主要用作父系或父本。

三、现场选择的相关性状

(一)神经类型　每一品种有各自普遍的习性，可以按神经类型分为3大类，即敏感型、稳定型和强悍型。长白猪属典型的敏感型品种，机敏性强，反应灵敏，易惊恐，咬斗性弱，群饲及高床养育的适应性差。大白猪和杜洛克猪属稳定型品种，易于饲养，群饲的适应性强。肌肉过度发育的皮特兰猪属过度稳定而偏于迟钝型。现场评定时应注意选择稳定而灵敏、不迟钝的种猪。

(二)行为气质　首先观察其眼部神态，应大而明亮，无鼠眼症及白眼症，公猪观其雄性性征，特别注意猪的行走状态，行走行为的强悍性、无顾忌是公猪最能体现优秀品质的性状。母猪应选择性情温驯、反应机敏的个体，同时忌选择暴躁型的种猪。

(三)功能形态　应选择有效乳头在6对以上的母猪，观察乳头间隔排列是否均匀整齐，乳头粗细程度、乳腺结构及早期发育状态等。无瞎乳头、凹陷乳头及在正常乳头间无未发育乳头，这些情况均在种猪挑选的考虑范围当中。外阴不发育或过小均与繁殖力有关，也应作为种猪评定的条件。公猪睾丸的外显性、大小及两侧睾丸的对称性，包皮结构(是否过大积尿)、有无短茎、软鞭、隐睾或阴囊疝等遗传缺陷，则在种公猪的评定予以考虑。

(四)体型结构 整体观察的第一印象非常重要,要从整体观察各部位结构有无缺陷和损伤症,有无凸凹背,肩部、胸腰部、臀部的结实性与匀称性,腿部、蹄部的强健性,蹄部弹性程度,体长、体高、体深及骨架的整体结构。公猪应四肢强健有力、步伐开阔、行走自如、无内外八字形、无卧系及蹄裂现象。母猪则应腹宽大而不下垂,骨骼结实。这样选择主要是因为身体结实性(结构健全性,骨骼大小及强度)的遗传力高,杂交优势也显著。

(五)品种特征 每个品种都有各自的品种特征,如头形、耳形、躯干、四肢、毛色等,目前在重视数量性状选择的前提下对双肌臀的选择,使品种间的固有特征变得模糊不清,如法系长白猪头重、耳大、面部变宽且皱纹多,已失去长白品种的固有特征。双肌臀的长白猪与大约克夏猪在体型和四肢结构方面变得十分近似,这对于原种而言,是十分不利的。过分强调体型注重双肌臀,而忽视了双肌泌乳能力要比单肌泌乳能力差5%~10%,直接影响仔猪的断奶窝重。且产仔少,难产率高,增重慢,将会造成潜在的经济损失。

四、自繁后备猪的选择

后备猪的选择过程,一般经过以下4个阶段。

(一)断奶阶段选择 初选可在仔猪断奶时进行。挑选的标准为:仔猪必须来自母猪产仔数较高的个体,符合本品种的外形标准,生长发育好,体重较大,皮毛光亮,背部宽长,四肢结实有力,乳头数在7对以上(瘦肉型猪种6对以上),没有明显遗传缺陷。从大窝中选留后备小猪,主要是根据母猪的产仔数,断奶时应尽量多留。一般来说,初选数量为最终预定留种数量分别是:公猪10~20倍及以上,母猪5~10倍及以上,以便后面能有较高的选留机会,使选择强度加大,有利于取得较理想的选择进展。

(二)保育结束阶段选择　保育猪要经过断奶、变换环境和饲料等几关的考验,保育结束一般仔猪达70日龄,断奶初选的仔猪经过保育阶段后,有的适应力不强,生长发育受阻,有的遗传缺陷逐步表现。因此,在保育结束时应进行第二次选择,将体格健壮、体重较大、没有瞎乳头、公猪睾丸发育良好的初选仔猪转入测定阶段,常用性能测定方法有2种:①个体性能测定。在相对一致的环境条件下测定种猪的生长性状,根据综合选择指数的高低,结合体型外貌评分,进行评定。②同胞测定。同胞测定是对种猪进行全、半同胞测定,根据测定成绩,综合评定种猪的性能水平。其方案是在种猪个体性能测定的基础上,每窝加选一去势公猪和一母猪即每窝3头为一个测定组。种猪单独饲养,其同胞在一个栏内饲养,自由采食,按栏计料。当同胞测定猪体重达目标体重(如100千克)时,结束肥育测定,进行屠宰测定,测定胴体性状和肉质性状。

(三)测定结束阶段选择　性能测定一般在5~6月龄结束,这时个体的重要生产性状(除繁殖性能外)都已基本表现出来。因此,这一阶段是选种的关键时期,应作为主选阶段。此阶段应该做到以下几方面。

第一,凡体质衰弱、肢蹄存在明显疾患、有内翻乳头、体型有严重损伤、外阴部特别小、同窝出现遗传缺陷者,可先行淘汰。要对公、母猪的乳头缺陷和肢蹄结实度进行普查。

第二,其余个体均应按照生长速度和活体背膘厚等生产性状构成的综合育种值指数进行选留或淘汰。必须严格按综合育种值指数的高低进行个体选择,该阶段的选留数量可比最终留种数量多15%~20%。这时后备种猪已经过了3次选择,对其祖先、生长发育和外形等方面已有了较全面的评定。因此,该时期的主要依据是个体本身的繁殖性能。

第三,对下列情况的母猪可考虑淘汰:①至7月龄后毫无发情征候者;②在一个发情期内连续配种 3 次未受胎者;③断奶后 2～3 月龄无发情征候者;④母性太差者;⑤产仔数过少者。另外,公猪性欲低、精液品质差,所配母猪产仔较少者淘汰。

第二节　妊娠母猪的营养需求

母猪妊娠期是指从配种开始至分娩结束这一段时间。期间饲养管理的目标就是要保证胎儿在母体内正常发育,防止流产和死胎,生产出健壮、生活力强、初生体质量大的仔猪,同时还要使母猪保持中上等体况。

一、妊娠母猪的营养水平标准

我国饲养标准规定,妊娠前期(妊娠后的前 80 天)母猪体重为 90～120 千克时,日采食配合饲料量为 1.7 千克;体重为 120～150 千克时,日采食量为 1.9 千克;150 千克以上者日采食量为 2 千克。妊娠后期(产前 1 个月)体重在 90～120 千克、120～150 千克、150 千克以上时,日采食量分别为 2.2 千克、2.4 千克、2.5 千克。日粮营养水平粗蛋白质为 12%～13%,消化能为 11.7～12.5×10^3 千焦/千克,赖氨酸为 0.4%～0.5%,钙为 0.6%,磷为 0.5%。另外,除了饲喂配合饲料外,为使母猪有饱腹感并补充维生素,最好搭配品种优良的青绿饲料或粗饲料。

二、不同阶段妊娠母猪的营养需要

(一)妊娠前期　即配种后的 1 个月以内,这个阶段胚胎几乎不需要额外营养,但有 2 个死亡高峰,此时饲料饲喂量相对应少,质量要求较高。一般每天喂给 1.5～2 千克的妊娠母猪料,饲粮营养水平为消化能12.3～12.5兆焦/千克，粗蛋白质14%～15%，同时青、粗饲料给量不可过高，不可饲喂发霉变质和有毒的饲料。

(二)妊娠中期　即妊娠后31～84天，此时每天应喂给1.8～2.5千克妊娠母猪料，具体喂料量以母猪体况决定，可以大量喂食青绿多汁饲料，但一定要给母猪吃饱，防止便秘。严防给料过多，导致母猪肥胖。

(三)妊娠后期　即临产前1个月，此阶段胎儿发育迅速，同时又要为哺乳期蓄积养分，母猪需要较高的营养水平，可以每天供给2.5～3千克的哺乳母猪料。此阶段应相对减少青绿多汁饲料或青贮饲料的喂量。在产前5～7天要逐渐减少精饲料喂量，直到产仔当天停喂精饲料。哺乳母猪料的营养水平为：消化能12.7～13.1兆焦/千克，粗蛋白质16%～17%。精饲料的具体配方为：玉米45%、小麦14%、豆类5%、麦麸10%、鱼粉1.5%、骨粉2%、草粉13%、棉籽饼8%、生长素1%、食盐0.5%。

在日粮中要根据各阶段需要而供给适当的能量、蛋白质、矿物质、维生素、常量元素和微量元素。日粮中含消化能11.7兆焦/千克，粗蛋白质12%、钙0.6%、磷0.5%。喂食日粮可根据母猪的体重、气候条件等灵活掌握，以保持既不过瘦又不过肥的体况。

三、妊娠母猪的营养及饲料配制要点

后备母猪的饲喂目标是使210日龄猪群体重达到120千克，能在第二或第三发情期配种，并且具有18～20毫米的P2背膘厚度。后备母猪太瘦的话，其繁殖力就会很低，断奶后发情就会延迟；后备母猪过肥，其繁殖力也会很低，并且容易发生难产。出于对繁殖性能的考虑，后备母猪一般在30千克，最迟60千克（目前对大部分瘦肉型后备母猪来讲，要求在45千克时），就要与肥育猪分开饲养；如果继续饲喂肥育猪饲料，则可能体况过肥，背膘过厚，母猪过早(体重未达到120千克)发情,从而影响以后繁殖性能的发挥,降低母猪的生产率,因此需要进行限饲。对刚配种至妊娠前期(妊娠85～90天)的母猪来讲,由于需要保持一定的体型,过肥或过瘦都影响生产。此阶段如果营养浓度过高,会导致早期胚胎死亡、母猪体况过肥导致胎儿过大、难产率上升、产后采食量差、乳汁不好、断奶后不发情等问题,所以也需要严格限制采食量。因此,从营养需要的角度来说,后备母猪和母猪妊娠前期可以使用同一配方的饲料,称为妊娠母猪料。这种料实际上非常重要,但也是猪场最易忽视的饲料。

(一)妊娠母猪的纤维需要 饲养好妊娠母猪的标准是保证胎儿能在母体内得到充分的生长发育,防止化胎、流产和死胎的发生,使妊娠母猪每窝产出的仔猪数量多、体重大、均匀整齐、体格健壮;并使母猪有适度的膘情和良好的泌乳性能。由于严格限制采食量会导致饥饿,使母猪整天处于饥饿状态,从而出现胃肠扭转死亡、破坏栏舍设施、自伤等现象,最终引发动物福利问题,所以正确的方法应该是使用营养浓度尽量低的饲料,保证母猪既不严重饥饿,又不过肥。因此,妊娠母猪料中的纤维含量要较高,可使用较多的小麦麸、玉米麸、统糠、米糠、草粉等原料。目前常用的是小麦麸和米糠,但草粉尤其是苜蓿粉也是非常好的原料。使用小麦麸和米糠时一定要注意其品质。统糠也是不错的选择,但一定要磨细。母猪可以通过后肠发酵而从日粮纤维中获取能量。低能量而高纤维的日粮可减少便秘,并可预防母猪肥胖。妊娠母猪饲喂低能量高纤维的妊娠期日粮,可提高母猪在改喂高能量哺乳料时的采食量。此外,增加妊娠期日粮中的纤维含量减轻了母猪的应激行为,比如舔舐、咬啃栏杆和假性咀嚼等。

(二)妊娠母猪的能量需要 妊娠期间在正常温度下,母猪的能量摄入量约为每天25.08兆焦,具体取决于母猪配种时的体重以及母猪妊娠期间需要增重多少。重要的是,母猪在分娩时应有足够的机体储备以使其能成功地完成泌乳以及在断奶后尽快地配种。断奶时体况很差的母猪会在下一个妊娠期内需要较多的饲料能量,年轻母猪的能量需要大于年长母猪。

母猪妊娠期的能量需要为维持需要、子宫生长及建立机体储备需要的总和。在某些特定情况下,还需要考虑其躯体活动或低温下所需的额外能量需要量。研究结果表明,妊娠母猪能量需要量的 2/3 左右用于维持需要。如果维持需要中再加上因调节体温和躯体活动的需要,则总的维持需要量在总能量摄入量中所占的百分比就将高达 90%。另一方面,某些妊娠需要,如子宫组织增重,则在能量需要中可忽略不计。然而,在实际生产中,如果我们考虑到因子宫组织生长和乳腺发育而导致代谢体重的增加,则母猪妊娠期的维持需要量还要更高。

ARC(1981)估计,母猪每天用于维持的能量需要为每单位代谢体重 438.5 千焦。维持所需的相当多的能量被用于蛋白质转换和用于与物质穿越细胞膜有关的钠-钾泵运转之耗能所需,这些生化过程主要发生在代谢十分活跃的组织中,如肝脏和小肠黏膜。脂肪组织的代谢极不活跃,因此每单位重量维持能的需要相对要低。如果繁殖周期中体重变化主要是由体脂积累和分解所致,那么维持能量需要的实际波动很可能低于由代谢体重计算所得的波动。母猪妊娠期间由于妊娠发育的需要,如子宫和乳腺组织都是代谢活跃的组织,那么维持能的需要有额外增长。

总之,妊娠母猪的能量需要量因母猪的体重、猪舍条件以及配种时的体况等不同而有相当大的不同。能量优先用于维持、子宫生长、体温调节及躯体活动,母体组织中的能量沉积量则直接取决于上述优先用途之后的剩余量。子宫生长的能量需要量在妊娠期前 2/3 阶段可忽略不计,但在后 1/3 期间则非常重要,妊娠母猪的维持能量需要量会随妊娠期的体重增长而持续增加。因此,在整个妊娠期间,如果日投喂量不变,则母体组织的能量沉积量就会随娠的进展而下降，甚至在临近分娩时出现能量负平衡的现象，这一点需要注意。现在人们通常采用的方法是增加投喂量，但若饲料品质太差，增加一点投喂量是不能解决问题的，而投多了，在经济上又不划算。这就需要提高饲料品质。

（三）妊娠母猪的蛋白质和氨基酸需要 蛋白质需要量可表示为每一种必需氨基酸及总的非必需氨基酸需要量。确定必需氨基酸的需要量可归结为测定各种必需氨基酸之间的最适比例。赖氨酸通常是猪日粮中的第一限制性氨基酸，所以人们多应用理想蛋白质概念将各种必需氨基酸需要量表示为赖氨酸的百分比。目前，猪的蛋白质需要量和日粮原料中的蛋白质水平皆根据理想蛋白质概念进行描述，因而这些数值皆根据可消化氨基酸（标准化及回肠末端法）进行计算。与能量一样，妊娠期间的必需氨基酸需要量是维持需要、子宫组织生长需要及母体组织的蛋白质沉积需要的总和。在妊娠母猪体内，理想蛋白质的组成主要取决于蛋白质增重的组成成分。

繁殖性状，比如窝产仔数、初生重、繁殖的规律性以及繁殖力，对于高于每天 140 克的蛋白质摄入量并不表现多大的反应，但对于体重 140 千克并且妊娠期母体活重增加 30 千克的母猪来说，建议每天摄入 180 克粗蛋白质以保持母猪的体况。这一建议的前提是日粮必需氨基酸已经得到了平衡，并且至少每天能提供 7 克可利用赖氨酸。应注意的是苏氨酸在维持需要中起着较大的作用，所以妊娠母猪的苏氨酸推荐量比生长猪的高一些（生长猪是 65%）。小母猪在其首次妊娠期间，由于还未达到成熟体重，仍需要必需氨基酸用于继续生长。因此，无论以每日需要量还是以日粮百分比来表示需要量时，初产母猪的需要量都高于经产母猪。由于常规蛋白质主要由谷物类供给，而谷物类饲料原料中赖氨酸及大多常规的必需氨基酸含量特别低，所以一般情况下赖氨酸水平和大多数其他必需氨基酸水平就都偏低。因此，在实际生产中，妊娠母猪日粮的最低粗蛋白质水平应高于13%。在妊娠饲料的制作中，大家一定要十分注意真菌问题。真菌毒素对于中小猪的健康及母猪的繁殖性能伤害十分巨大。脱霉剂应用于母猪饲料中，效果十分明显。

（四）妊娠母猪的矿物质需要　矿物质，特别是钙和磷，也是妊娠母猪不可缺少的营养物质。因为胎儿骨骼的形成需要矿物质，如初生仔猪平均含矿物质3%～4.3%，其中主要是钙和磷（约占矿物质的80%左右）；同时母猪本身在妊娠期间体内也需要储备大量的钙和磷，一般为胎儿需要量的1.5～2倍。因此，饲料中缺乏钙和磷时，势必影响胎儿骨骼的形成和母猪体内钙和磷的储备，甚至导致胎儿发育受阻，母猪流产、产死胎或仔猪生活力不强，患先天性骨软症以及母猪健康恶化，产后容易发生瘫痪、缺奶或骨质疏松症等。因此，对于妊娠母猪，必须从饲料中供给充分的钙和磷，而且要求比例适当，即妊娠母猪钙、磷比以1～1.5∶1为最好。

（五）妊娠母猪的维生素需要　维生素对妊娠母猪也很重要，特别是维生素A、维生素D和维生素E，它们不仅是妊娠母猪体内强烈代谢活动的保证，同时也能直接影响到胎儿的发育。如果饲料中胡萝卜素或维生素A缺乏时，往往引起子宫、胎盘的角质化或坏疽，从而影响胎儿对营养物质的吸收，造成母猪流产或产死胎，或者胎儿畸形、怪胎、眼病、抗病力和生活力降低等。维生素D缺乏时，母猪和胎儿的钙、磷代谢障碍，营养不足，直接影响胎儿骨骼的正常形成，甚至造成流产、早产、畸形或产死胎。维生素E缺乏时，胚胎早期会被吸收，或发生胎盘坏死、死胎等。因此，维生素A、维生素D和维生素E对于妊娠母猪非常重要，必须充分供给。

第三节 母猪分娩前后的护理与保健

母猪的饲养是养猪生产上的一个重要环节,而母猪分娩前后的护理则更是重中之重。只有抓好了这一阶段的工作才能取得更加可观的经济效益,也为今后的饲养要求打下坚实的基础。

一、分娩前的护理与保健

母猪分娩前都有食欲下降的表现,饲养者应根据其膘情和乳房发育的情况采取相应的措施。若膘情达到九成以上且乳房发育良好,为了产仔顺利应从预产期前 3～5 天逐渐减少饲料的喂量,到分娩前 1 天只喂妊娠期饲喂量的 1/2 或 1/3,并停喂青绿多汁饲料以防母猪产后泌乳过多而发生乳房炎。但对那些膘情较差、乳房发育不良的母猪,原则上不能减料,而且还要相对适量增喂一些含蛋白质高的饼类饲料和动物性饲料。在减料过程中应先把那些体积大的粗饲料以及不易消化和易引起便秘的饲料大幅度减下,这样可以防止胃内容物过多和肠道积粪压迫胎儿引起早产、难产和产死胎。母猪分娩前停止喂料,防止腹内压升高,不利于顺利产仔。临产前的母猪易发生便秘,可适当增加青绿饲料和麸皮的喂量,若已发生便秘,则可用油类泻剂灌肠解决。临产前的妊娠母猪不宜使用带刺激性的泻药,特别是在产仔过程中,应绝对禁食,若产仔时间过长可适量喂些加盐的温水。

二、分娩后的护理与保健

母猪产后食欲都不会太好,即使有少数母猪食欲旺盛,也必须在喂量上加以节制,防止饱食。因此,一般母猪产后 24 小时不喂料，只喂温热的麦麸水，24 小时后可适当喂少量稀料，2～3 天内不喂饱食。产后 4～5 天可逐渐增加喂料量，直至产后 1 周左右，才能按哺乳母猪的饲养水平饲喂，以免母猪发生产后消化不良，或因乳汁分泌过多，仔猪吃不完而患乳房炎。母猪在分娩过程中和产后的一段时间内，体力消耗很大，抵抗力降低，而且生殖器官要经 2～8 天才能恢复正常，在 3～8 天内阴道排出恶露，此时容易因饲养管理不当而发生疾病。对分娩中的母猪进行输液保健，可使母猪尽快恢复正常。具体操作过程如下：第一步，5%糖盐水 1 000 毫升、鱼腥草 20 毫升、维生素 C 20 毫升；第二步，5%葡萄糖注射液 500 毫升，抗生素适量（可加适量三磷酸腺苷、肌苷、辅酶 A、地塞米松等）；第三步，10%甲硝唑 100 毫升；第四步，5%葡萄糖注射液 500 毫升、缩宫素 1 毫升（2 个单位左右）。

母猪在分娩过程中，腹腔快速空虚，大量血液流回腹腔，容易出现大脑缺血、缺氧，引起大脑皮质发生功能性改变。此时大量补充 5%糖盐水可扩充血液流量，提升血压，补充和改善体内的大量能量消耗，并可为分娩后的哺乳蓄积能量和体力。尤其是母猪产程过长时，更容易产生能量代谢障碍，对其补充葡萄糖更有意义。而且在分娩过程中，母猪胰腺活动增强，致使血糖偏低，这也是补糖的另一个有效依据。在分娩过程的后期使用适量的缩宫素可使子宫快速收缩，还原腹腔，顺利结束分娩过程。所以，分娩母猪输液保健值得推广，特别是在大型集约化养猪场，可明显提高猪场的生产性能，增加经济效益。

第三章 仔猪的饲养管理

第一节 仔猪消化道的特点

一、消化道的发育

正常情况下,初生仔猪消化器官虽已形成,但其体积和重量比较小,很不发达。研究发现,仔猪整个消化道发育最快的阶段是20～70日龄期间,这表明3周龄以后随着消化道的快速发育,胃肠道结构、胃肠道内pH值和消化酶浓度均有较大变化。由于小肠在营养物质吸收上的作用举足轻重,所以断奶应激对其造成的影响一直是一个研究热点。Cera研究表明,仔猪断奶后,由摄取液体食物突然改成固体饲料,尤其当日粮含大量禾本科谷物时,在干物质的磨损作用下,肠绒毛很快变短。同时,绒毛表面的微绒毛由高密度手指状变为平舌状,陷窝加深,这种变化将持续7～14天,严重影响仔猪消化过程中的分泌和吸收能力,这无疑对仔猪的消化功能有显著影响。断奶前肠道上皮绒毛较长,隐窝较浅;断奶后,肠道绒毛萎缩,隐窝增生,并且小肠占体重的比例也下降。这种绒毛萎缩将使肠黏膜功能性表面积减少,吸收能力下降。而通过黏膜营养调控可有效维持仔猪正常的肠黏膜,减少断奶后的肠道结构和功能的不利变化。

二、消化酶系统

新生仔猪与生俱来就有消化母乳的能力，其中脂肪酶、乳糖酶和蛋白酶含量较高，而其他各种酶的活性在3周龄时还不到成年动物的50％。早期断奶仔猪消化系统发育尚不成熟，分泌消化酶的能力较低。从出生到8周龄，乳糖酶的活性逐渐减弱，脂肪酶、蛋白酶和淀粉酶的活性逐渐加强，8周龄后消化道酶系统趋于正常水平。哺乳仔猪胃肠消化酶活性随日龄增长，断奶后3～4周内，仔猪胃内容物pH值在3.5以上，胃内pH值难以达到成年猪的水平(pH值2～3.5)，这将抑制胃蛋白酶的活性。因而，胃蛋白酶消化能力下降，从而导致消化功能紊乱。

三、肠道微生物菌群结构

新生仔猪的胃肠道是无菌的，随后既有母源性也有外部环境中的细菌定植于其肠道，其中大肠杆菌、链球菌、乳酸杆菌等是仔猪胃肠道的主要菌群。致病性大肠杆菌和轮状病毒是导致仔猪腹泻的主要病因之一。在仔猪日粮中添加乳糖、非淀粉多糖(NSP)及酸化剂能有效改善胃肠道的酸度，从而优化肠道微生物菌群，提高仔猪的抗病能力。

四、免疫能力下降

新生仔猪没有免疫能力，而主要靠从初乳中吸收免疫球蛋白获得对疾病的抵抗力。随后母乳中免疫球蛋白含量急剧下降，而仔猪自身的免疫能力在3周龄时才能缓慢提高。断奶后10～18日龄，正好处于仔猪免疫水平的最低阶段，此时仔猪对病原的抵抗力极差。因此,应给仔猪提供一个良好的环境,尽量避免病原微生物的侵害。

五、对环境质量要求高

刚刚断奶的仔猪由于断奶的应激,采食量很低,代谢产热较少,故要求相当高的环境温度,实际需要的环境温度高于断奶以前。因此,刚刚断奶的仔猪要额外提高保育舍温度。温暖的环境能够降低仔猪的断奶应激,促进仔猪尽快认料和饮水,促进仔猪尽快度过断奶应激期,进入快速生长期。由于断奶仔猪抗病力低,要求保育舍空气质量要好,要严格控制空气中的有害气体浓度和空气粉尘浓度。

六、采食量低

在很多情况下,断奶对仔猪生产性能的影响是由采食量和能量摄入不足引起的,日粮可消化性对采食影响较大,因此只有消化率高的饲料才可用于配合早期断奶仔猪日粮。

第二节　早期断奶仔猪的营养需要

母猪生长期日粮同母猪妊娠期日粮一样,都会对初生仔猪的成活率和断奶仔猪的生长性能产生一定的影响。因此,必须给后备母猪饲喂营养均衡的日粮,以保证其繁殖系统发育良好和产仔性能优异。妊娠母猪一定要饲喂优质日粮,以保证胎儿的正常生长和发育。然而在实际生产中,生产者往往容易错误地认为,只要在母猪分娩前 3～4 周开始饲喂优质饲料就可以了,因为他们听说这个阶段是胎儿发育最快的时期(事实确实如此),所以就仅仅从这时候才开始换料，在此之前，则饲喂较差的饲料以节省饲养成本。这样造成的后果是母猪得不到必需的营养成分，生出的小猪体质虚弱且死亡率高，断奶时仔猪体重小、外观差。研究表明，在影响仔猪成活率和断奶体重的诸多因素中，初生体重的作用最为显著。仔猪初生体重越大，则其断奶体重也越大，平均而言，初生体重每相差 0.5 千克，断奶体重就可以相差 3.89 千克，而断奶体重较大的仔猪，其后期生产性能表现也较好。母猪早期的营养状况影响胚盘大小，胚盘越大，则仔猪的发育越好。因此，必须时刻以营养均衡的日粮饲喂母猪，任何投机取巧的行为都有可能造成不可估量的损失。在母猪妊娠 91～110 天时，饲喂高能日粮有助于增加仔猪体内的糖原水平，提高初生仔猪成活率。因为初生仔猪缺乏褐色脂肪，主要依靠肝脏中储存的糖原来提供能量。而出生时由于皮肤潮湿和本身皮下脂肪减少会使仔猪感到寒冷，需要依靠燃烧糖原来维持体温，所以此项措施有助于减少仔猪寒冷应激，提高仔猪成活率，促进仔猪生产性能的正常发挥。

一、仔猪对能量的需要

能量是影响早期断奶仔猪生长性能的关键要素。仔猪断奶后，由于饲料类型和管理条件的改变，使大脑皮质糖苷分泌增加，对饲粮中能量的要求有所增加。适当提高日粮中的能量水平，以保证仔猪每日所需能量的绝对摄入量，可减少应激。仔猪时期无论管理多仔细，都会出现暂时性的断奶应激，如食欲下降、消化不良等，这必将导致仔猪摄入能量不足。解决这一问题的有效手段是增加采食量，添加风味剂，其中改变饲料风味是一种较好的应对措施。在采食量增加有限，仔猪又不能获得高能量以满足其生长需要的情况下，必须供给仔猪优质高能的饲料。仔猪对短链饱和脂肪酸和长链不饱和脂肪酸消化率较高，实践中常以在日粮中添加椰子油、豆油等方式来满足仔猪的能量需要。乳糖在断奶仔猪的应用在于其甜度高、适口性好、易于消化，更主要的是乳糖能被酵解产酸，来维持仔猪的肠道健康。断奶仔猪饲喂的乳糖来源于乳品工业副产品如乳清粉、脱脂奶粉等，乳清粉含有65%～75%的乳糖和12%的粗蛋白质。仔猪主要依靠乳糖提供能量，仔猪出生时至几周内乳糖酶浓度很高，乳糖酶将乳糖分解成葡萄糖和半乳糖，并参与体内正常代谢。刚出生的仔猪能量储存有限，体脂肪只有1%～2%，可动员脂肪低于10克/千克。所以，糖原成为最主要的能量储存物质，占可利用能量物质的60%。外来能源以初乳中的乳脂和乳糖为主，但初乳中乳脂和乳糖含量较低。初乳中干物质含量占26%，其中乳脂占18%，常乳中干物质占19%，其中乳脂占42%。而且母猪在分娩后最初几天内，泌乳能力又尚未完全发挥，加之初生仔猪在出生后2天内不能有效地代谢脂肪（主要是长链脂肪），从而导致能量摄入不足。Marion等(2002)报道，能量水平能显著影响断奶仔猪小肠绒毛的高度和绒毛萎缩后的恢复过程。新生仔猪迅速获得充足的营养供给，特别是能量的供给十分重要，必须研究如何供给适合仔猪生长发育特点的营养源，这样才能保证仔猪存活率，并在适时断奶后健康生长，为断奶后仔猪的生长创造良好条件。

二、仔猪对蛋白质和氨基酸的需要

蛋白质的消化率、适口性、氨基酸平衡和是否有免疫保护是仔猪饲养过程中需要考虑的因素。蛋白质营养的核心是必需氨基酸配比的平衡。生长猪有10种必需氨基酸，即赖氨酸、苏氨酸、含硫氨酸、色氨酸、苯丙氨酸＋酪氨酸、异亮氨酸、亮氨酸、缬氨酸、组氨酸和精氨酸。氨基酸配比以赖氨酸为100、精氨酸44、异亮氨酸50、亮氨酸107、蛋氨酸＋胱氨酸54、苯丙氨酸＋酪氨酸106、苏氨酸 59、色氨酸 15、缬氨酸 70 为较合适。其中最主要的是赖氨酸，体重为 5～10 千克的仔猪饲料中赖氨酸含量应不低于 1.2%，体重为 10～20 千克的仔猪饲料中赖氨酸含量应不低于 1%。降低日粮粗蛋白质的有效方法是在饲养标准的基础上使粗蛋白质含量降低 3%～4%；同时，用添加赖氨酸 1.5%、色氨酸和苏氨酸各 0.16%的方法来补充饲料中氨基酸的不足。由于仔猪的消化系统尚未完善，对饲料中蛋白质的消化利用能力还较低，因此其饲料中蛋白质含量不宜过高。杨映才等(2001)研究表明，饲粮粗蛋白质水平从 16%升高到 20%，仔猪平均日增重和饲料利用率显著提高；饲粮粗蛋白质水平从 20%升高到 24%，仔猪平均日增重和饲料利用率趋于降低，采食单位粗蛋白质所获得的体增重显著降低。杨映才等(2001)报道，在饲粮中植物性蛋白质与动物性蛋白质比例为 5.5：1，而且赖氨酸、蛋氨酸＋胱氨酸、苏氨酸、色氨酸都满足需要的条件下，满足 10～20 千克体重仔猪生长所需的饲粮粗蛋白质水平为 18%，日需要量为 157 克，而进一步提高饲粮粗蛋白质水平，也不能改善仔猪的生产性能。饲粮粗蛋白质水平升高使进入大肠的饲粮蛋白质增加，大肠微生物利用进入大肠的蛋白质进行生长繁殖，使蛋白质发生腐败而形成氨和胺类等腐败产物，此腐败产物对肠黏膜有毒性作用，结肠受到损伤后吸收能力降低，加之腐败产物产生的胺类对结肠黏膜有刺激作用，促进肠液的分泌，致使粪便中水分含量增加，使仔猪腹泻加剧。因此，配制早期断奶仔猪日粮时，在满足赖氨酸、蛋氨酸＋胱氨酸、苏氨酸、色氨酸等需要的条件下，可降低配合饲料的蛋白质含量，从而降低仔猪肠内腐败产物产量与腹泻率。董国忠等(2000)报道，给仔猪饲喂低蛋白质(粗蛋白质含量 17.8%)氨基酸平衡饲粮与常规粗蛋白质(粗蛋白质含量 21.8%)饲粮相比可显著降低仔猪肠内腐败产物的产量与腹泻率。

三、仔猪对脂肪的需要

添加油脂主要是为了提高日粮能量水平，但添加油脂过多会带来一定的负效应，这是因为断奶后，胰腺和消化道内容物中酶浓度仅为断奶前的30%～60%，胰脂肪酶分泌不足则消化脂肪能力也较弱。乳制品添加比例较高的日粮中通常需添加5%～6%的油脂，才能达到满意的制粒效果。脂肪不但能提高断奶仔猪日粮能量浓度，还能延缓食糜在胃肠道中的流速，增加碳水化合物和蛋白质等营养物质在消化道内的消化吸收时间，从而提高其吸收利用率。同时，也是体内必需脂肪酸的来源和维生素A、维生素D、维生素E、维生素K消化吸收的载体。另外，脂肪还能改善日粮的适口性。仔猪断奶后1周内，对植物油和动物油的利用率差别很大，主要是植物油中短链不饱和脂肪酸较多，消化率高。4周后两种油脂利用率基本一致。其中椰子油、黄油和猪油能很好地被仔猪利用，玉米油和豆油次之，牛油效果最差。

四、仔猪对矿物质的需要

(一)钙和磷 钙和磷是动物体内必需的矿物质元素。在现代动物生产条件下，钙、磷已成为配合饲料必须考虑的、添加量较大的重要营养素。钙有极高的酸结合力，一般玉米-豆粕型日粮的钙、磷比应在1∶1～1.5。试验表明，钙水平为0.8%时骨骼矿化达到高峰，把仔猪日粮中钙水平控制在0.58%～0.8%以内会获得较高的生产性能。

(二)铁 铁是仔猪出生后快速发育及维持自体代谢与生理作用所必需的重要元素。铁是多数代谢物质的组成成分，也是血红蛋白、肌红蛋白、转铁蛋白、乳铁蛋白等蛋白体的组成成分。随着仔猪生长速度的加快，对铁的需求量也越多。铁作为必需的矿物质元素，其缺乏可引起仔猪缺铁性贫血，导致抗病力降低，易感染致病菌，使仔猪发生腹泻甚至死亡。转铁蛋白除运载铁以外，还有预防机体感染疾病的作用，乳铁蛋白在肠道中能把游离铁离子结合成复合物，防止大肠杆菌利用，有利于乳酸杆菌利用，对预防新生仔猪腹泻具有重要意义。

(三)铜 早期断奶仔猪使用高铜具有明显的促生长效果，并能提高饲料利用率。仔猪日粮中添加 250 毫克/千克的铜，日增重提高 24%，饲料利用率提高 9%。目前对高铜的促生长机制尚不清楚，一般认为铜具有抗生素的特性，会产生类似抗生素的生长效应，故其作用机制可能与其抗菌作用有关。添加高铜还对脂肪的吸收利用有明显的促进作用，可提高脂肪的表观消化率。

(四)锌 在生产应用中，高锌日粮已经作为控制仔猪腹泻，提高其生产性能的一项有效措施。近几年来，国内外对高剂量锌(1 000～3 000 毫克/千克)在仔猪日粮中的添加效果进行了大量研究，证明高锌具有减少早期断奶仔猪腹泻、提高日增重、改善饲料利用率的作用，尤其在断奶后 2 周饲喂效果更好。断奶日粮中锌的作用效果随锌的添加水平、持续时间和锌的形式而异。断奶日粮中添加 3 000 毫克/千克的氧化锌和硫酸锌可提高日增重 15%～25%，日采食量提高 9.5%～14%，仔猪腹泻由 10%～20%降至 5%，死亡率由 4.1%降至 1.3%。锌能够促生长并控制仔猪腹泻是因为锌与体内 100 多种金属酶的组成有关。高锌可促进舌黏膜味蕾细胞迅速再生，调节食欲，抑制肠道某些有害细菌的生长，并延长食物在消化道的停留时间，保证了营养物质在肠道中的消化吸收，减少了大肠微生物的发酵，从而有效抑制仔猪腹泻。

五、仔猪对维生素的需要

增强仔猪免疫力是一个重要环节,维生素与之有密切关系。其中最主要的是维生素 E 和维生素 C。维生素 E 是细胞内的抗氧化剂,能促进免疫球蛋白的合成。维生素 E 可通过调节前列腺素的生物合成,增强细胞的吞噬作用,提高机体免疫力。据报道,补充维生素 E 不仅能预防维生素 E 缺乏症,且对多种动物都能加强免疫能力。仔猪断奶后由于对固体饲料采食量较低,血浆中 α-生育酚量也显著降低。而在这一发育关键时刻维生素 E 缺乏会破坏免疫系统,降低对疾病的抵抗力。增加维生素 E 能减少无乳症的发生,增强仔猪免疫防卫机制,预防腹泻和其他感染。在英国仔猪开食料中,维生素 E 添加水平为 150~250 毫克/千克,其效果已得到普遍承认。

维生素 C 被认为是抗应激因子,在体内可直接杀死病毒或细菌,增强中性粒细胞,有效减缓断奶应激。因此,早期断奶仔猪日粮中应添加维生素 C。John Goihl(1999)报道,断奶后 2~6 周内,早期断奶仔猪在应激状态下,添加量为 75 毫克/千克,才能满足需要。维生素 C 对血液的生化成分也有良好的影响。例如,血液中维生素 C 的浓度提高 32%~53%,则血红素的含量提高 6.7%~9.3%,红细胞的数量提高 6.4%~8.5%。此外,维生素 C 还可提高饲料中有机物的消化率。

第三节 分娩仔猪时的操作规程

一、产前准备

包括产房准备和接产准备。

(一)产房准备 如果无专门产房,在原猪舍产仔,则按照母猪预产期,临产前1周左右将圈舍清扫干净,并用3%～5%石炭酸溶液、2%～5%来苏儿溶液或3%氢氧化钠溶液进行消毒,有条件的最好采用熏蒸消毒。喷洒消毒范围包括猪舍的屋角、墙壁、通道、饲槽、运动场和饲养用具等,全面严格的消毒有利于预防产后仔猪痢疾的发生。冷天产仔时要在猪舍门窗上挂草苫或活动塑料薄膜挡风保温,猪舍要求温暖干燥,清洁卫生,舒适安静,阳光充足,空气新鲜,温度在20℃以上,空气相对湿度在65%～75%为宜,若过潮,可用炉灰(1∶3)或锯屑铺在舍内,消毒气味消失后即可将临产母猪移入舍内待产。

(二)接产准备 临产前应充分准备好接产用具,包括消毒药、温开水、盆、剪刀、碘酊或酒精棉球、毛巾、木板箱或箩筐等,准备接产时使用。

二、临产检查

根据以下母猪临产症候进行诊断。

(一)外阴变化 母猪临产前3～5天,外阴部开始红肿下垂,尾根两侧出现凹陷,这是骨盆开张的标志。

(二)乳房变化 母猪产前1～3天乳房膨胀,乳头发红,临产前母猪乳头从前向后逐渐能挤出乳汁。前面乳头能挤出乳汁时,约在24小时内产仔；中间乳头能挤出乳汁时，约在12小时内产仔；最后一对乳头能挤出乳汁时，4～6小时内产仔或即将产仔。

(三)行为表现 母猪叼草做窝，突然停止采食，紧张不安，时起时卧，性情急躁，不让人接近，有时还咬人，频频排粪、排尿等，均说明即将产仔，应做好接产的准备工作。

三、仔猪出生后的处理

母猪分娩时，可让母猪自由产出胎儿，也可在仔猪刚露出时，用手握住仔猪头部，随母体努责的力量向外牵引仔猪。为了减少新生仔猪的死亡，使其尽快适应脱离母体后的新环境，在仔猪护理上应坚持做好掏、断、擦、剪、烤、吃几方面的工作。

(一)掏 当仔猪出生后，接产人员迅速用一只手握住仔猪身躯，呈水平状或让仔猪头稍低，再用另外一只手拿干净的毛巾或布，迅速将仔猪口腔内的黏液掏出。把口、鼻部的黏液擦净，以免黏液堵塞口、鼻，使仔猪窒息而死。

(二)断 当仔猪出生后将脐带内的血液向仔猪腹部方向挤压，然后在距离腹部5厘米左右处，用手指掐断或用剪刀剪断脐带，断端用5%碘酊消毒。若断脐带时流血过多，可用手指捏住断端，直到不出血为止。或在距脐部2～3厘米处用消毒后的棉线结扎。仔猪出生后若脐带未脱离母猪，应用两手慢慢将脐带从母体内理出，千万不能生拉硬扯，以防止大出血造成仔猪失血过多死亡。

(三)擦 用洁净的毛巾或布，把初生仔猪身上的黏液尽快擦净；有条件的猪场也可以使用爽身粉，以促进仔猪的血液循环，防止感冒，让其尽快适应新的环境。

(四)剪 当母猪分娩过半或分娩结束以后由于乏力而显得比较安静时，对仔猪逐头进行称重、剪牙和编号。剪牙是将仔猪上、下颌锐利的犬齿剪掉。

(五)烤　产房(舍)温度过低或在寒冷季节,仔猪生后擦净身体,放入保温箱或盒中,用红外线灯或电热板将其烤干,并训练仔猪经常卧于灯下,以防止被压死、冻僵。条件较差的猪场,可用火炉或土暖气烘烤。

(六)吃　将身体烤干后的仔猪放到母猪处,让其尽快吃到初乳,以增强抵抗外界环境变化的能力(注意超免接种一定要在吃初乳前进行)。

四、导致分娩时间过长的原因及难产的处理

(一)导致分娩时间过长的原因　母猪分娩时间过长在很多猪场的繁殖中较为常见,其原因有以下几点。

1. 初产母猪　对于某些早配且体型较小的母猪来说,其机体内分泌系统和产道可能尚未发育完全,故产仔时间会过长。

2. 老龄母猪　某些猪场由于各种原因没有及时淘汰老龄母猪,而老龄母猪由于年龄过大,机体各项功能衰退,产仔无力,故分娩时间也会过长。

3. 繁殖障碍性疾病　母猪感染各种繁殖障碍性疾病如细小病毒病、伪狂犬病、蓝耳病、繁殖障碍性猪瘟、流行性乙型脑炎等,使胎儿在母猪繁殖中期或后期死于子宫内,形成死胎、木乃伊胎等,影响母猪的正常分娩。

4. 分娩环境　母猪产仔时精神高度紧张,十分敏感,故需要一个安静舒适的环境,如果母猪分娩时环境中有生人、周围环境嘈杂,母猪过于紧张,将影响其正常分娩。

(二)难产的处理　母猪经长期努责仍不能产出仔猪,或母猪出现呼吸困难,心跳加快时,应按难产处理。此时可注射催产素,

100千克体重注射2毫升,注射后20～30分钟可产出仔猪。若注射催产素后仍不能产出仔猪时,要及时采取人工助产。助产人员剪短指甲,并打磨指甲边缘,用肥皂水将手洗干净,再用消毒液消毒手及手臂,并涂上灭菌润滑剂。同时,将母猪阴门洗净消毒,然后将手指并成锥形,手心向下,趁母猪努责间歇时,缓缓伸入阴道,先检查仔猪胎位,若是正胎位或倒胎位,摸到仔猪并抓牢后随母猪努责慢慢将仔猪拉出,若是横胎位或竖胎位,应先进行胎位校正后再行掏出(母猪努责时用力掏拉,不努责时停止,以免损伤产道或伤及胎儿)。校正胎位时,先在努责间歇时将胎儿向宫腔后移,慢慢翻转成正胎位。待母猪努责时,随努责将仔猪向外拉出。拉出一头仔猪后,若母猪转为正常,则不用再助产,让母猪自行产出仔猪。分娩结束后,给母猪注射抗菌药物,以防阴道感染。

有时产出的仔猪出现呼吸停止、心脏跳动的假死状态,接产人员应在擦拭之后,立即进行人工呼吸。先迅速掏出口中黏液,用5%碘酊棉球擦拭一下仔猪的鼻子,一手抓住两后肢,头向下把仔猪提起,排出鼻中羊水,然后进行人工呼吸,方法有2种:一种是仔猪背部朝下,四肢朝上,接产人员一手固定仔猪,一手轻轻按压仔猪胸部,反复数次,一般3～5次仔猪即可恢复呼吸;另一种是仔猪背部朝上,四肢朝下,接产人员一手握住仔猪前胛子,一手握住仔猪后胛子,向前后来回伸曲,帮助肺部呼吸,待呼吸正常后再行擦净断脐。

第四节　仔猪的挑选与淘汰

肥育用的商品仔猪事先要进行选择,这样才能取得好的饲养效益。为了使养猪户买到健康无病的商品仔猪,笔者认为主要从选、称、听、摸、看几个方面进行选择。

第一,选。最好在正规商品仔猪繁殖场挑选,有条件的最好采用自繁自养的方法。最好选择三元杂交仔猪进行肥育。一般土种猪长得慢，生长期长；杂交猪长得快，生长期短，饲料利用率高，出栏早，周转快。理想的杂交猪日增重都在550克以上。

第二，称。初生后到断奶时能达到20千克的仔猪，发育良好，其体重达到屠宰体重的日龄早，饲料利用率也高。

第三，听。听叫声，健康仔猪的叫声尖而清脆。

第四，摸。用手背触摸仔猪的耳根和腰部，感觉温热为健康猪，感觉热而烫手者为病猪。

第五，看。看体型外貌，选择体型健壮，皮肤、被毛有光泽的仔猪；看身腰，健康仔猪应是腰身长，前胸宽，嘴短，后臀丰满，四肢粗壮有力，身长与体宽的比例合理；看肋形长度，选择肋开张好的，胸深、胴体深的；看背线和腰线、选择背线呈弓形、腰线平直的；看姿势，姿势端正，站立自然，行动自如，尾巴左右摆动或卷曲者为健康仔猪；看眼睛，眼睛明亮有神、洁净无分泌物、无泪痕者为健康仔猪；看仔猪尾巴是否沾有稀便，同时稍稍驱赶仔猪，看是否咳嗽，呼吸是否平和，气流均匀，频率为10～20次/分者为健康仔猪；看采食、饮水，健康仔猪食欲旺盛，喂前有饥饿感，加料时即争先恐后地抢食，并发出有节奏的吞食声，很快吃饱，离槽自由活动或卧地休息；看粪便，排出的粪便呈条状，不含未消化饲料颗粒、气泡、黏液、血、脓等为健康仔猪；看尿液，健康仔猪的尿液呈无色透明水样。

第五节　仔猪出生前5天母猪的饲养管理

饲养好产仔前后的母猪，既可以保证母猪顺利产仔，不发生难产，又可以保证母猪正常泌乳，防止产后发生乳房炎和无乳症，提高仔猪的成活率，现对仔猪出生前5天母猪的饲养管理进行介绍。

一、产前管理

根据推算的母猪预产期，应在母猪分娩前5～10天准备好分娩舍（产房）。分娩舍要保温，温度最好控制在15℃～18℃。寒冷季节舍内温度较低时，应有采暖设备（暖气、火炉等），同时应配备仔猪的保温装置（护仔箱等）。应提前将垫草放入舍内，使其温度与舍温相同，要求垫草干燥、柔软、清洁，长短适中（10～15厘米）。炎热季节应防暑降温和通风，若温度过高，通风不好，对母猪、仔猪均不利。舍内空气相对湿度最好控制在65%～75%，若舍内潮湿，应注意通风，但在冬季应注意通风而造成舍内温度的降低。母猪进入分娩舍前，要进行彻底的清扫、冲洗、消毒工作，清除过道、猪栏、运动场等处的粪便、污物，地面、圈栏、用具等用2%氢氧化钠溶液刷洗消毒，然后用清水冲洗、晾干，墙壁、天棚等用石灰乳粉刷消毒，对于发生过仔猪腹泻等疾病的猪栏更应彻底消毒。此外，要求产房安静，阳光充足，空气新鲜，产栏舒适。否则易使分娩推迟，分娩时间延长，仔猪死亡率增加。

为使母猪适应新的环境，应在产前3～5天将母猪赶入分娩舍。若进分娩栏过晚，母猪精神紧张，影响正常分娩。在母猪进入分娩舍前，要清除猪体尤其是腹部、乳房、阴门周围的污物。进栏宜在早饲前空腹时进行，将母猪赶入产栏后立即进行饲喂，使其尽快适应新的环境。母猪进栏后，饲养员应训练母猪，使之养成在指定地点趴卧、排泄的习惯。

二、饲　喂

一般来说，体况好的母猪应停止饲喂青绿多汁饲料，产前应减少饲料的喂给量，每日喂料量应按妊娠后期每日喂料量的10%～

20%比例递减，到产仔前 2～3 天，喂料量可以减少到平时喂料量的 1/3 或 1/2，在产仔的当天可以停止饲喂，只喂给一些温麦麸水。若饲喂得太好、喂料量太多，母猪产后乳汁分泌旺盛，仔猪吃不了，易造成乳房炎。

对于体况较差的瘦弱母猪，乳房发育及膨胀程度小，在产仔前不但不能减少饲料喂量，还应增加优质饲料的饲喂量，特别是增加富含高质量蛋白质的饲料（如豆饼、豆粉等）和富含维生素的催乳饲料。对于特别瘦弱的母猪，不要限量饲喂，以保证母猪产仔后有足够的乳汁，保证仔猪的正常哺乳和生长发育，保证母猪断奶后正常发情配种。

第六节　仔猪出生后 15～30 天的饲养管理

仔猪 15 日龄后，身体状况较初生仔猪已有较大改善，此时的饲养管理应注意以下几点。

一、防寒保温

哺乳仔猪调节体温的能力差，怕冷，寒冷季节必须进行保温。仔猪的适宜温度因日龄而异，15～30 日龄的温度应控制在 22℃～25℃。

二、抓旺食

仔猪 20 日龄以后随着消化功能渐趋完善和体重的迅速增加，食量也大增，进入旺食阶段。为了提高仔猪的断奶重和断奶后对成年猪饲料的适应能力，应加强这一时期的补饲。此时必须喂给接近母乳营养水平的全价配合饲料，才能满足仔猪快速生长的需要。饲料要求高能量、高蛋白质、营养全面、适口性好、容易消化，每千克饲料含粗蛋白质18%以上，必需氨基酸品种齐全，赖氨酸达1%。仔猪进入旺食阶段，可适当增加饲喂次数，每天5～6次。

三、断　奶

断奶时间应根据猪场的性质、仔猪用途及体质、母猪的利用强度及仔猪的饲养条件而定。饲养条件好可以实行21～28日龄断奶。断奶方法有以下3种。

(一)一次断奶法　也称果断断奶法，即当仔猪达到预定断奶日期时，断然将母、仔分开的方法。由于断奶突然，极易因食物及环境突然改变而引起消化不良性腹泻。因此，可在断奶的最初几天将仔猪仍留在原圈饲养，饲喂原来的饲料，采用原来的饲养管理方式。此法虽对母、仔刺激较大，但因方法简单，便于组织生产，所以应用较广，规模养猪场常采用该断奶方法。

(二)分批断奶法　即按仔猪的体质发育及用途分先后陆续断奶。一般是发育好、食欲强、体重大的仔猪先断奶，弱小的及要留作种用的仔猪后断奶，适当延长其哺乳期，以促进发育，故称加强哺乳法。本法的缺点是断奶时间延长，不利于母猪发情配种。一般农户养猪可以采取此法断奶。

(三)逐渐断奶法　是指逐渐减少哺乳次数，即在仔猪预定断奶日期前4～6天，把母猪赶离原圈，然后每天定时放母猪回原圈给仔猪哺乳，次数逐渐减少，如第一天放回哺乳4～5次，第二天减少到3～4次，经3～4天即可断奶。此法可避免母猪和仔猪遭受突然断奶的刺激，对母仔均有好处，缺点较麻烦，增加工作量，故采用较少。

四、适时去势

准备肥育的仔猪在出生后一定要适时去势，这样可以快速肥育和提高饲料利用率。一般情况下2周龄进行公仔猪的去势，4～5周龄对母仔猪进行去势。仔猪去势后应给予特殊护理，防止仔猪互相拱咬伤口，引起失血过多而影响仔猪的活力，并应保持圈舍卫生，防止伤口感染。

五、预防接种

仔猪应在20日龄进行猪瘟疫苗的首次接种，50～60日龄进行第二次接种，同时进行猪丹毒、猪肺疫和仔猪副伤寒等疫苗的预防接种。是否进行其他疾病的预防接种，视本地区的疫情和本场的猪群健康状况而定。

仔猪的去势和免疫注射必须避免在断奶前后1周内进行，以免加重刺激，影响仔猪增重和成活。

第七节　断奶仔猪的饲养管理

断奶仔猪是指出生后3～5周龄断奶至10周龄阶段的仔猪。断奶是仔猪出生后遭受到的第二次大的应激。断奶仔猪处于强烈的生长发育阶段，各组织器官还需进一步发育，功能尚需进一步完善，特别是消化器官。仔猪断奶后生活条件发生以下几方面改变：①营养的改变，由以吃温热的液体母乳为主改成吃固体的生干饲料，由依附母猪的生活改为完全独立的生活；②生活环境的改变，由产房转到育仔舍，并伴随着重新编群；③容易受到病原微生物的感染而患病。这些因素的改变会引起仔猪的应激反应，表现出食欲不振、增重缓慢甚至减重,尤其是补饲晚的仔猪更为明显,可影响仔猪正常的生长发育甚至造成疾病。因此,应加强断奶仔猪的饲养管理,以减少不必要的损失。

一、早期断奶仔猪存在的主要问题

(一)仔猪的生理特点

1. 消化功能不完善 仔猪消化道泌酸不足,不能杀灭伴随采食、饮水等进入机体的致病菌,使仔猪肠道内正常菌群遭受破坏,加上断奶后产生的应激使胃肠消化酶减少,活性不足,影响对饲料的消化,易引起消化不良性腹泻,同时对吸收起到非常重要作用的肠道绒毛,断奶后会断落、减少、萎缩致使吸收能力下降。

2. 免疫保护功能下降 仔猪免疫系统发育不完善,对抗原刺激反应很弱,不能积极地产生主动免疫,只能从品质良好的母乳中获得被动免疫。由于仔猪在哺乳阶段从母乳中获得免疫保护,仔猪自身的免疫系统要在3周龄后才开始建立,如果母乳不足或品质不良,在各种诱因作用下,可引发多种疾病。所以,3～5周龄阶段是仔猪的免疫危险期,易受病菌的侵袭,最易发生消化和呼吸系统疾病。

3. 神经调节功能弱 仔猪中枢神经系统发育不完善,神经调节功能较弱,对外界环境的适应能力较差,在断奶、更换饲料、环境突变等应激状态下会诱发疾病发生,甚至造成死亡。

(二)断奶应激 仔猪断奶后,栏舍的变化、编群的刺激、饲料方式的改变(即从吃母乳变成采食坚硬的固体颗粒饲料)及突然离开母猪而失去母爱等导致的心理应激,不仅会影响仔猪的生长发育,亦可导致疾病发生。

(三)疫病流行 近年来,随着养猪业的发展和频繁的生猪流通,猪病越来越复杂,新的流行病在不断出现,旧的传染病亦趋向于亚临床发病和复杂化，如大肠杆菌病、支原体病、繁殖与呼吸综合征、圆环病毒病、猪瘟、口蹄疫、伪狂犬病等传染病，以及寄生虫病、真菌毒素中毒和营养代谢病等不断威胁着仔猪的健康和生命。

二、断奶仔猪的饲养

（一）断奶和断奶方式　早期断奶有利于减少仔猪被疾病感染的机会，仔猪从母乳中得到的母源抗体在 20 日龄后逐渐下降，而主动免疫则在 5 周龄后逐渐产生，3～5 周龄是仔猪最易感染疾病的时期，在条件较好的猪场实行早期断奶（20 日龄前）可减少仔猪被感染的可能性。

采用高床限喂栏分娩的猪场，多采用一次性断奶法；采用地面平养分娩的猪场，最好采用逐渐断奶法或分批断奶法，一般 5 天内完成断奶工作；小规模饲养方式的仔猪可一直在原栏饲养到出栏。

（二）饲料过渡和饲喂方法　饲料不宜更换过早，保持原有仔猪料 1～2 周，断奶后 3～5 天饲喂量不宜过多，以喂八成饱为宜，并增加饲喂次数（每天 4～6 次），5 天后实行自由采食。在此过程中一定要保持饲料的新鲜和多品种饲料配合，以减轻应激反应之后逐渐过渡到吃仔猪料。为了使断奶仔猪能尽快地适应断奶后的饲料，减少断奶造成的不良影响，除对哺乳仔猪进行早期强制性补料和断奶前减少母乳的供给，迫使仔猪在断奶前就能进食较多的补助饲料外，还要使仔猪进行饲料的过渡和饲喂方法的过渡。

目前，主要采取仔猪提前补饲，缓慢过渡的方法来解决仔猪的断奶应激问题。仔猪断奶后要保持饲喂 15 天原来的仔猪饲料，以免影响食欲和引发疾病。15 天后逐渐增加仔猪料，3 周后全部采用仔猪料。断奶仔猪处于迅速生长阶段，需要高蛋白质、高能量和含有丰富维生素和矿物质的日粮，需限制饲喂含粗纤维过多的饲料，注意添加剂的补充。膨化饲料不仅对仔猪消化非常有利，而且能有效地减少仔猪腹泻，饲料经膨化后其中的淀粉被糊化，抗营养因子被破坏。经巴氏超高温杀菌，提高了适口性，降低了腹泻发生率。采取少量多餐的方式，每天饲喂的次数应比哺乳期多1～2次，每次喂量不宜过多，以七八成饱为度，使仔猪保持旺盛的食欲。另外，还应提供充足饮水以免影响仔猪的正常生长发育。

（三）饮水 除需要供给充足清洁的饮水外，可在断奶初期在水中加入电解质和维生素，以提高仔猪的抗应激能力。对有条件的可在保育栏安装自动饮水器，自动饮水器高低应恰当，保证不断水。一般情况下每5头仔猪安装1个自动饮水器，饮水器的水流速度为每分钟1升。

（四）合理选择日粮原料 配制高质量断奶仔猪日粮，可利用脱脂奶粉、乳清粉、乳糖、喷雾干燥血浆粉、优质鱼粉、膨化大豆等，以提高其生长速度和减少腹泻。使用酸化剂如柠檬酸、富马酸（延胡索酸）和丙酸，可明显提高仔猪日增重和饲料利用率。使用酶制剂（目前最为成功的酶制剂是植酸酶），可提高饲料的消化利用率，促进仔猪生长发育。

三、断奶仔猪的管理

（一）合理分群 断奶仔猪可以原窝饲养，也可根据其性别、强弱、大小进行重新分群。密度不宜过大，一般每头猪至少保证0.5米^{2}左右的饲养面积，每栏最多15头左右，过多则不利于仔猪的生长。

仔猪断奶后的最初几天，常表现出精神不安、鸣叫、寻找母猪，尤其是夜间。为了稳定仔猪的不安情绪，减轻应激损失，应将仔猪留在原圈。不要混群并窝，断奶半个月后，待仔猪的表现基本稳定再调圈，在并窝、调圈、分群前的3～5天使仔猪同槽吃食，一起运动，彼此熟悉。最好采取原窝、原圈转群，减少混群、并群，如需混群、并群则采用对等比例混合，不能将单个仔猪混入一窝猪群内，每群仔猪只数视猪圈大小而定。

工厂化养猪生产采取全年均衡生产方式，各工艺阶段设计严格，实行流水作业。仔猪断奶立即转入仔猪培育舍。产房内的猪实行全进全出，猪转走后立即清扫消毒，再转入待产母猪。断奶仔猪转群时一般采取原窝培育，即将原窝仔猪转入培育舍关入同一栏内饲养。如果原窝仔猪过多或过少，需要重新分群，可按其体重大小、体质强弱进行并群分栏。同栏仔猪体重相差不应超过1～2千克，各窝中的弱小仔猪合并分成小群进行单独饲养，合群仔猪会有争斗位次现象，应适当看管，以防止咬伤。

(二)环境条件

1. 温度 断奶仔猪的环境温度30～40日龄时为21℃～22℃，41～60日龄时为21℃，60～90日龄时为20℃。为了能保持上述温度，冬季要采取保温措施，夏季则要防暑降温。

2. 湿度 防止猪舍潮湿是保温工作的一个重点，潮湿不仅使仔猪容易受寒，而且为细菌滋生提供场所，这样的环境不利于仔猪的生长而且可引起多种疾病。断奶仔猪舍适宜的空气相对湿度为65%～75%。

3. 卫生和通风 猪舍内外不仅要经常清扫(每天3～4次)，定期消毒，杀灭病菌，防止传染病，而且要控制通风换气量，排除舍内污浊的空气，保持空气清新。

(三)调教 新断奶转群的仔猪吃食、卧位、饮水和排泄区尚未形成固定位置，所以应训练仔猪定点排粪、排尿，使其形成良好的生活习惯，这样既可保持栏内卫生，又为仔猪育成打下良好的基础，方便生产管理。可以将饲槽设在栏舍一端，饮水器设在栏舍另一端，靠近饲槽一侧为睡卧区，靠近饮水器一侧为排泄区。训练方法为：将粪便人为放在排泄区，诱导仔猪前去排泄，其他区域的粪便、尿液及时清理，并对仔猪排泄进行看管，强制其在指定区域排泄。经过1周训练,可建立起定点睡卧、排泄的条件反射。

(四)设置玩具 仔猪在饲喂全价饲料及温、湿度合适的情况下,仍可能发生相互咬斗的现象,这是仔猪的天性,可在圈栏内吊上橡胶环、铁链及塑料瓶等,让其玩耍,以分散注意力,减少互咬现象。

(五)观察 应每天定时到猪群内巡视几次,因为有人到圈舍里,猪总会站起来吃料、饮水,这样不仅可以促进仔猪多吃料,而且可以观察仔猪的精神状况,及时发现病情。

四、断奶仔猪的疾病防控措施

断奶以后原窝仔猪不要拆散,要维持原窝仔猪不变。如果立即并窝会引起仔猪互相咬斗,影响仔猪生长。断奶时将母猪赶走,仔猪留在原圈,使仔猪在熟悉的环境中生活。

断奶后2周内仍饲喂哺乳仔猪饲料,避免饲料突然改变引起仔猪不吃食或消化紊乱、腹泻。一般仔猪断奶2周以后生长得到恢复,然后再并圈和换料。仔猪断奶后前3～5天不能喂得过饱,一般喂八成饱,吃多了容易造成消化不良和腹泻,5天后恢复正常喂量。饲料中不要添加抗生素,而需添加些酶制剂、半发酵的粉状饲料或半液状的饲料,以使饲料更接近母乳的状态,克服早期断奶仔猪尚未能区别采食和饮水的许多问题,满足仔猪对营养和水分的需要。用半流质状饲料饲喂仔猪,其采食量多、增重快。

刚断奶仔猪对低温非常敏感,一般仔猪体重越小,要求的断奶环境温度越高,并且越要稳定。据报道,断奶后第一周,日温差若超过2℃,仔猪就会发生腹泻和生长不良的现象。

应保持仔猪舍清洁干燥,潮湿的地面不但使猪只被毛紧贴于体表,而且破坏了被毛的隔热层,使体温散失增加,原本热量不足的仔猪更易着凉和体温下降。

（一）预防水肿病　断奶仔猪由于断奶应激反应，消化道内环境发生变化，易引发水肿病。仔猪水肿病多发生于断奶后的第二周，发病率一般为5%～20%，死亡率可高达100%。生产中应采取的各种预防措施是减少应激，特别是断奶后1周应尽量避免日粮更换、去势、驱虫、免疫接种和调群，断奶前1周和断奶后1～2周，在日粮中加喂抗生素和各种维生素及微量元素进行预防均有一定效果。

（二）防止生长倒退　断奶仔猪由于断奶应激，断奶后5天内食欲较差，采食量不够，造成仔猪体重下降，往往需要1周的过渡时间，仔猪体重才会恢复正常。断奶后第一周仔猪5天的生长发育状况会对其一生的生长性能有重要影响。据报道，断奶期仔猪体重每增加0.5千克，会提前2～3天达到出栏体重。

（三）控制仔猪腹泻　仔猪腹泻是仔猪阶段的常见病和多发病，轻者影响生长增重，重者继发其他疾病甚至死亡。因此，要加强预防措施。

1. 早期补料减少断奶应激反应　在哺乳阶段要充分做好仔猪补料工作，仔猪在出生后7日龄时开始补饲颗粒饲料，断奶要逐步进行，断奶时一般采取先赶走母猪，仔猪在原舍内饲养7～10天，饲喂时饲料成分在断奶后不改变，经1个月左右逐渐改变为断奶仔猪日粮；喂服电解质溶液，增加肌体抵抗力，降低应激反应。

2. 提高早期断奶仔猪的免疫力　生产中多采用早吃初乳，吃足初乳，让新生仔猪充分摄取其中的免疫球蛋白以提高免疫力和成活率。同时，可在断奶前3天的仔猪料中加入一些抗生素类物质，以杀灭有害细菌。

3. 做好仔猪培育舍的熏蒸消毒工作　这是杜绝传染病发生的关键所在，同时也是减少断奶后腹泻发生的必要条件。

4. 进行营养调节　断奶仔猪所有营养均来源于日粮，配合好断奶仔猪日粮，满足其健康生长至关重要。影响仔猪生长速度的营养要素依次是能量、蛋白质(氨基酸)、维生素、矿物质和水。因此,应在充分满足能量需要的前提下,考虑蛋白质(氨基酸)、维生素和矿物质的供给量,从而有利于仔猪的生长发育。

(四)减少断奶仔猪应激 当仔猪断奶后,会产生心理上和身体上各系统的不适应,主要表现为:仔猪情绪不稳定、急躁、争斗咬架、食欲下降消化不良、腹泻或便秘、体质变弱、被毛蓬乱无光泽、皮肤黏膜颜色变浅、生长缓慢或停滞,有的减重,有的继发其他疾病,形成僵猪或死亡,给养猪生产带来一定的经济损失。断奶仔猪应激是养猪生产面临的一个主要问题。在一定时期内完全能够避免仔猪断奶应激的可能性较小,人们只能着重研究如何减少断奶应激,就目前生产条件而言,减少仔猪应激可以从以下几方面着手:一是适时断奶,在仔猪免疫系统和消化系统基本成熟、体质健康时断奶,可以减少应激。如 4 周龄断奶比 3 周龄更能抵抗应激,鉴于此种情况,建议 4 周龄断奶;二是科学配合仔猪日粮,根据仔猪消化生理特点,结合其营养需要配制出适于仔猪采食、消化吸收和生长发育所需的饲料;三是减少混群机会,仔猪断奶后最好是在傍晚将原群转移到同一保育栏内,以减少咬斗机会,并注意看护;四是加强环境控制,舍内要求清洁卫生,有足够的趴卧和活动空间,一般每头断奶仔猪所需面积为 0.3 米^2,舍内温度控制在 27℃～30℃,空气相对湿度控制在 50%。

(五)搞好防病、治病工作 断奶仔猪应强调做好免疫接种工作,特别是猪瘟、蓝耳病、链球菌病、口蹄疫病、水肿病、大肠杆菌病等疫苗的免疫接种。同时,要进行药物预防,可在饮水中适当添加复合维生素以提高抗应激能力。对患病的断奶仔猪要及时治疗,在仔猪转群前要驱除体内外寄生虫。

总之,断奶仔猪的饲养管理,特别是断奶后 1 周的饲养管理,是仔猪管理环节的重中之重,因为断奶是仔猪出生后的最大应激因素,仔猪断奶后的饲养管理如果搞不好,会造成仔猪生长发育迟缓，出现腹泻，发生水肿病，甚至死亡等严重后果。因此，要大力加强饲养管理，严格控制每一环节，综合提高，以减少应激反应，控制疾病发生，降低死亡率。另外，饲喂液态饲料可提高断奶仔猪日采食量和生长速度。对有条件的仔猪实施早期隔离断奶技术，可提高猪的生产性能。

值得一提的是，腹泻本身是一种排毒的过程，仔猪断奶期间若发生腹泻切勿盲目应用针剂，那样轻则容易造成僵猪，重则造成大量死亡。针对仔猪腹泻要认清根本，找出病因，有针对性地应用药物，方可将损失降至最低。

第八节 断奶仔猪的营养需要和所需添加剂的使用

一、断奶仔猪的营养需要

(一)能量 早期断奶仔猪对能量需求量高。无论管理多仔细，仔猪早期隔离断奶时都会引起断奶应激，导致仔猪日粮摄入能量不足。解决这一问题的有效手段是增加采食量，添加风味剂改善饲料风味；在采食量增加有限、仔猪又不能获得高能量以满足其生长需要的情况下，必须供给仔猪优质高能的饲料。实践中常在日粮中添加椰子油、大豆油等来满足仔猪的能量需要。

(二)脂肪 仔猪哺乳期营养的主要来源为母乳。母乳消化能为22.14兆焦/千克干物质，乳脂占全乳干物质的42%，是哺乳仔猪主要的能量来源之一。仔猪断奶应激使采食量下降，为了满足仔猪快速生长的需要，同时克服断奶时消化道容积小的局限性，须供给仔猪优质高能日粮，其唯一手段是添加油脂。通常认为，脂肪除了自身的能量营养外，它还能延缓食物在胃肠道中的排空，增加碳水化合物和蛋白质等营养物质在消化道内的消化吸收时间。同时,日粮脂肪也是体内必需脂肪酸的来源和脂溶性维生素吸收的载体,脂肪还能改善日粮的适口性。研究发现,仔猪对油脂的消化率与脂肪酸碳链长短及不饱和程度有关,含短链饱和脂肪酸和长链不饱和脂肪酸的脂肪的消化率高于含长链饱和脂肪酸的脂肪。仔猪饲粮中添加脂肪,提高了饲粮能量、蛋白质比,降低了采食量,减少了饲粮蛋白质的抗原作用和腐败作用,从而减少了蛋白质代谢性疾病的发生。在添加的脂肪质量方面,建议使用大豆油或玉米油,用量为 2%～6%;仔猪对油脂的消化还与周龄和断奶时间有关,一般随周龄增加仔猪肠道脂肪酸酶活性增加,对油脂的消化率亦随之增加。

(三)蛋白质 研究表明,早期断奶仔猪饲粮粗蛋白质水平与进入大肠的蛋白质量和结肠蛋白质腐败产物产量间存在显著正相关。蛋白质水平过高,引起氨基酸氧化供能,造成浪费;而且进入后段肠道的蛋白质腐败作用增强,引起有害菌群的增殖,增加了仔猪腹泻的机会。林映才等指出,在 16%～20%粗蛋白质水平范围内,随着饲粮粗蛋白质水平升高,仔猪平均日增重趋于增加,料重比极显著降低;在 20%～24%的粗蛋白质水平范围内,饲粮粗蛋白质水平升高,仔猪平均日增重趋于下降,料重比趋于提高;在满足断奶仔猪必需氨基酸需要的情况下(赖氨酸 1.475%、蛋氨酸+胱氨酸 0.84%、苏氨酸 0.98%、色氨酸 0.28%),体重为 3.4～9.5 千克,超早期断奶仔猪生长所需的饲粮粗蛋白质水平为 20%即可。

(四)维生素 NRC(1998)列出了 13 种维生素的需要量。通常,早期隔离断奶仔猪日粮添加的维生素包括脂溶性维生素(维生素 A、维生素 D、维生素 E、维生素 K)、B 族维生素(维生素 B_2、烟酸、泛酸、维生素 B_{12}、胆碱、生物素、叶酸、维生素 B_1)和维生素 C(一般在保育料中添加)。研究表明,高剂量使用某些维生素可改善仔猪生产性能。特定条件下，断奶仔猪对B族维生素的需要量比NRC(1998)推荐量更高。

(五)氨基酸 赖氨酸是猪的第一限制性氨基酸。饲养环境较好的猪只要想获得最佳生长速度和饲料利用率，所需赖氨酸就要高于NRC(1998)推荐量。早期隔离断奶仔猪日粮中，其赖氨酸的需要量为1.65%～1.8%。与传统断奶相比，早期隔离断奶体系饲养的仔猪瘦肉沉积较多，赖氨酸需要量也相应较高，为1.07克/兆焦GE(传统断奶仔猪赖氨酸需要量为0.95克/兆焦DE)。早期隔离断奶仔猪的异亮氨酸、蛋氨酸、苏氨酸对赖氨酸的比例分别为60%、27.5%和45%；体重是10～20千克的猪分别为50%、27.5%和55%；生长肥育猪为54%、27%和60%。

(六)水 尽管关于需要水的研究较少，但不能忽略断奶仔猪饮水的重要性。水质和水流影响饮水量，进而影响采食量以及生产性能。推荐保育阶段乳头饮水器给水的最小流速是每分钟570毫升。

(七)碳水化合物 研究发现，早期断奶仔猪日粮中，简单的碳水化合物如乳糖，较复杂的碳水化合物如淀粉利用率较高。作为含有主要乳糖的乳清粉，在早期断奶仔猪日粮中得到广泛应用。质量好的乳清粉乳糖含量为70%～80%，粗蛋白质约12%。由于是乳制品，含天然乳香味，既能促进仔猪的食欲，提高采食量，进入胃内产生的乳酸又能降低断奶仔猪胃内的pH值，有利于食物蛋白的消化。但是由于乳清粉价格昂贵，对于我国这样一个发展中国家来讲，乳清粉在日粮中不可能大量使用。一般认为，对早期断奶仔猪，体重为2.2～2.5千克时，添加量为15%～30%；体重为7～11千克时，添加量降至10%以下。需要注意的是，乳清粉含盐高，要注意日粮中盐的添加问题。目前，除了乳清粉以外，人们致力于研究开发早期断奶仔猪碳水化合物替代资源，一般认为煮熟的谷物，如去皮燕麦、玉米等可提高其在小肠中的消化率。另外，露寡糖和果寡搪也是目前研究的热门课题。适口性好和消化率高的谷物，用于断奶日粮效果优于其他谷物。果寡糖能减少 7 日龄猪感染大肠杆菌的腹泻发病率，并提高仔猪的生长和饲料利用率。

二、断奶仔猪所需添加剂的使用

(一)抗生素、高铜、高锌的合理使用 有关抗生素能提高仔猪生产性能的作用机制目前尚不很清楚，但一般认为有以下几种作用方式：①抑制和杀死体内病原微生物，起到防病、治病作用；②刺激内分泌功能，分泌激素，增进食欲，促进动物的生长发育；③使肠道变薄，从而促进和增加营养成分的渗透和吸收。关于高铜、高锌的促生长、提高饲料利用率、降低仔猪腹泻频率的作用已受到普遍认可，一般饲料中添加量多为铜 125～250 毫克/千克，锌 1 000～4 000 毫克/千克。

(二)矿物质的合理使用 其他研究证明，添加 3 000 毫克/千克饲料氧化锌的初期仔猪生长效果比添加硫酸铜好。事实上，添加促生长水平的氧化锌和硫酸铜之间具有一种相互作用。与空白对照组相比，日粮中添加氧化锌能促进仔猪生长，但若与添加 250 毫克/千克饲料硫酸铜比，则未见有更好的效果。其他学者研究发现，在氧化锌、硫酸锌、碳酸锌、蛋氨酸锌等各种锌源中，氧化锌具有最好的促生长效果。

(三)有机酸的合理使用 仔猪消化道酸碱度(pH 值)对日粮蛋白质消化十分重要，主要原因在于蛋白消化酶需要在适宜的 pH 值环境中被激活并参与消化活动，同时胃内 pH 值对控制进入消化道微生物的繁殖起着不可忽视的作用。幼猪胃内酸度一是随年龄增长而提高，二是受饲粮刺激导致盐酸分泌增加。已知有机酸中效果确切的有柠檬酸、富马酸(延胡索酸)和丙酸，在日粮中的添加量依断奶日龄而定。4 周龄断奶猪日粮中添加量一般是

1%～1.5%，2周龄断奶则为1.5%～2%。研究指出，28日龄断奶仔猪料中添加2.5%的富马酸，再加2.3%的碳酸氢钠，生长速度比断奶后2周的仔猪单用富马酸增重速度提高13%，说明两者有协同作用。

第九节 仔猪的寄养技术

仔猪寄养，即是指把仔猪转交由其他母猪哺乳，是一项平衡每头母猪带仔数的方法或为先天不足的仔猪提供较好生长机会的方法。随着工厂化养猪的普及以及早期断奶技术的应用，仔猪寄养已成为猪场普遍采取的管理措施，以期减少仔猪断奶前的死亡率，提高生长率以及仔猪生长发育的整齐度。为了实现这样的目的，首先要采取的措施是，使窝仔数与母猪的哺育能力相匹配，也就是说使窝仔数与母猪的有效乳头数相匹配，这大约需要移动5%的仔猪；第二个措施是重新分配每窝内的仔猪，使每窝内仔猪初生重的差异最小，这需要移动15%～20%的仔猪。

一、仔猪寄养的基本原则

第一，寄母应选择性情温和、母性好、泌乳力高的母猪。

第二，2头母猪的产仔日期相近，2窝仔猪的体重相差不要太多，以免体弱仔猪被排挤而吃不到奶影响生长发育。

第三，仔猪寄养时应尽量让其吃上生母的初乳，因为初乳有特异性，生母的初乳最适合于亲生仔猪。在生产中经常见到，那些未吃生母初乳的仔猪，尽管寄养时身体较强壮，而且寄母的泌乳量也多，最后却成为弱小猪。

第四，后产母猪的仔猪向先产母猪寄养时应选择窝中较大的仔猪进行寄养，较大的仔猪身体强壮，不受欺负。先产母猪的仔猪向后产的母猪寄养时，应选择个体小的仔猪进行寄养，以免欺压后产母猪的仔猪，造成仔猪体重差别越来越大。

第五，因母猪嗅觉比较灵敏，容易闻出寄养仔猪而拒绝哺乳，甚至咬伤、咬死寄养仔猪。因此，在寄养时要用寄母的胎衣、粪、尿喷涂仔猪，或把寄养的仔猪与原窝仔猪放在保温箱内，经30～60分钟气味一致后，而且此时母猪乳房已涨，仔猪也感到饥饿，再放出哺乳。

第六，有时因仔猪寄养过晚而不吃寄母的乳，可适当延长饥饿时间，待其很饿且原窝仔猪开始哺乳时，再放到寄母身边，令其迅速吸到乳汁即可成功。

二、仔猪寄养的方法

(一)紧急寄养 当母猪死亡或患急性病而停止哺乳时，找1只或多只保姆母猪来接替养育仔猪。

(二)单纯寄养 将母猪哺养的每窝仔猪数保持均衡以保证每头仔猪至少有1个有效乳头吮乳。注意不要将此法与交叉寄养相混。

(三)交叉寄养 把所有同期出生的仔猪按相近体重分类然后把体重相差不大的仔猪作为一窝分配给每只母猪。研究证明，这种方法能减少仔猪死亡率，增加仔猪断奶重和断奶后增重。

(四)返寄养 断奶后生长不良的仔猪转移到未断奶的母猪继续哺乳。返寄养有造成疾病向低日龄仔猪扩散的风险，增加仔猪死亡率的可能性，应尽量避免。如果没有选择余地，应把强壮的仔猪转移给另一只母猪，把较弱的仔猪留给自己亲生的母猪。

(五)分流寄养 与返寄养的共同点是均转出体壮的仔猪，但主要差别是转出的均是大日龄仔猪而不是相反。因此，1周龄仔猪可能转给饲养2周龄仔猪的母猪，甚至还有2周龄仔猪转给饲养3周龄仔猪的母猪的可能。饲养3周龄仔猪的母猪有可能提前断奶或按时断奶，以使母猪多休养1周。这种方式的优点是减少分娩舍中低日龄仔猪染病的危险，同时还能保证泌乳的质量和数量符合仔猪的要求。母乳免疫球蛋白A中的保护免疫力很重要，其水平随泌乳期的长短而变化，故寄养母猪越符合仔猪的日龄要求，效果越好，这在仔猪第三周的生命期中尤为明显。应该指出，此法能使1头或多头母猪延长寄养时间，让仔猪多吮乳1～2周。

（六）哺乳母猪法 这是一项十分有用的技术，与分流寄养有关。由于哺乳母猪需要给额外的仔猪吮乳而不能投产，故成本较高。每头哺乳母猪每周平均多喂养3～4头额外的仔猪是件轻而易举的事。按一般成本计算，12个月内增加的断奶猪产值相当于生产费用的6～8倍。另一个可行的办法是使用仔猪哺乳器（机械母猪），但其效益需要根据仔猪产值和生产成本（包括专用日粮）进行精确计算才能确定。这两种办法均能减轻对哺乳母猪的压力。一般地说，这两种方法能以较少的费用解决因高产母猪体况不好、疲劳过度而引发的一些问题，如断奶前死亡率过高，断奶后生长迟缓或产仔率下降等。

（七）限制吮乳法 此法与分批产仔密切相关，故需要给母猪注射前列腺素，特别适用于断奶前仔猪平均死亡率超过10%的猪场。仔猪出生后12～18小时之内，应全部集中在一起，按体重分组，然后再重新分配给母猪（从最小的仔猪开始），每头母猪分配的吮乳仔猪不超过9头。剩下的仔猪应该是新生仔猪组中体重最大的。然后将它们送给已哺乳9头仔猪7天、且其亲生仔猪已转给寄养母猪喂养（已喂14天）的母猪，其原窝仔猪交给饲喂器或哺乳母猪喂养。这种方法适用于母猪存栏300头以上的猪场，对大批量仔猪有明显的优越性，但不适用于小猪场，可以在小母猪中推广，以减少第一窝的吮乳仔猪数量。一般的效果是死亡率低，失重母猪或体弱母猪减少。此法的流转方式与分流寄养法相似，保健效果好,仔猪体重差异缩小,但需要做很多具体的工作。

(八)交替吮乳 尽管这种方法不属于真正的寄养,但在整个仔猪管理系统中仍不失为一种有用的手段。将每窝仔猪分为体重相同的2组(如一组由4头体重大的仔猪组成,另一组由6头体重较小的仔猪组成)。在白天有约2.5小时让大猪进入装有自由饮水器设备的护仔栏休息,以使小猪吮乳,减少争食对手,只要在出生7天之内采用此法,且3天内每日移圈不超过2次,就可能取得较好的结果。

(九)分段断奶 这是前述高效分批断奶技术的一种较粗糙而简单的形式。具体做法是先给体重最大的仔猪断奶,体重较小的仔猪仍留在母猪身边继续吮乳一段时间。此法适用于每周断奶2次的猪场,可以避免在哺乳圈中处理体重不足的仔猪。缺点是易使母猪流动失去平衡,下一胎产仔数出现更大的差异。

(十)分批断奶 与分段断奶相比,分批断奶如果实施得法对母猪流动和产仔数不会产生不良影响。例如,体重不足6.5千克的仔猪一律不予断奶(具体范围可以自定),体重不够的仔猪应送回原分娩母猪处哺养,直到达标为止。有些仔猪甚至可能返圈2次后才能达到断奶要求的体重。应在达到或超过6.5千克标准(有些仔猪不用20天就可达到此重)的前一窝仔猪中选出1头予以断奶,以给新来的仔猪留出空位。应该注意的是,所有母猪应准时断奶,无一例外。这种方法在实行早期断奶的猪场中证明是有效的,这些猪场的母猪往往因哺乳期的营养负担而对卵巢产生不利的影响,从而延迟卵巢返情活动,结果延长了断奶至配种的间隔。

三、仔猪寄养时应注意的事项

研究表明,仔猪出生11～18小时后才与生母及圈舍进行有意识的接触；到出生后24～26小时，已经对环境有了较固定的认识。如果仔猪出生24小时后再寄养，一是这时寄养母猪的初乳已消失，二是仔猪因对新环境比较生疏而紧张，从而影响吮乳能力。此外，母猪的乳头如果在仔猪出生后36小时仍未被吸吮，就不再泌乳。

第一，需寄养的仔猪在出生后6小时内要吃到生母的初乳，使其产生一定的抵抗力。

第二，不要寄养较小的仔猪，而是把大一点并且没有固定上乳头的仔猪寄养出去。

第三，不要把所有的弱仔猪都寄养给同一头母猪，仔猪活力低对乳头的刺激少，母猪分泌的乳汁就少。可以把个头较大但有点缺陷（如外八字腿）的仔猪与小一点的仔猪放在一起。

第四，千万不要把病仔猪拿到健康的仔猪群中寄养，以防止疾病传播。

第五，一定要及时观察被寄养仔猪的吮乳及身体状况，如果体况欠佳，则应拿回到原来的母猪那里。

第六，根据母猪可带仔数进行调节，一般母猪带仔数要少于有效乳头数，这样可以给弱小仔猪更多选择的机会。要注意，有些乳头外观正常，但不能泌乳。

第七，寄养的仔猪一定要放在环境、温度、卫生条件好的母猪舍内，这样仔猪能较快地适应环境，并及早与伙伴熟悉。

第八，如果没有可以作为寄母的母猪，把同窝内个头较大、身体较壮的仔猪暂时放到一个适宜的环境里2小时，以使个头较小的仔猪吃到更多的初乳。

第九，发生蓝耳病的猪场，不要把仔猪寄养给别的分娩舍的母猪。如果母猪死亡或干奶，将仔猪转给刚刚断奶、并且断奶仔猪很健康的母猪寄养。不要把有病或活力低的仔猪寄养出去，最好将其处死，以免将病原传播出去。对治疗不见效果的病仔猪也应当及时执行安乐死,因其往往是主要的传染源。断奶时对病弱仔猪淘汰并处理,以防感染其他健康猪。

第十,为了使寄养顺利,可在被寄养的仔猪身上涂抹上寄养母猪的乳汁或尿液,也可同其他仔猪混群几小时后同时放到寄养母猪身边,也可用酒精棉擦拭寄养母猪的鼻孔周围,使之辨识不出寄养的仔猪。

第十一,仔猪寄养时,操作人员一定不要带进异味,尽可能地减少应激因素,做到静、轻、快、准。

四、特殊情况下的寄养措施

当母猪无乳或死亡且仔猪又因种种原因不能寄养时,往往采用人工乳饲养,而本方法费时、费力又不经济,工厂化养猪即使使用也收效甚微。

仔猪大于 10 日龄,而仔猪又尚未达到断奶要求时,可以直接寄养给泌乳力强的 25 日龄左右的断奶母猪,让其代养。

仔猪在 4～10 日龄时,可寄养给泌乳力强的哺乳 15 天左右的母猪,而其仔猪寄养给哺乳 25 天左右的母猪,而让哺乳 25 天左右母猪的仔猪断奶。

仔猪在 0～4 日龄时,可寄养给泌乳力强的哺乳 10 天左右的母猪,而哺乳 10 天左右母猪的仔猪寄养给哺乳 15 天左右的母猪,哺乳 15 天左右母猪的仔猪寄养给哺乳 25 天左右的母猪,而让哺乳 25 天左右母猪的仔猪断奶。

五、仔猪寄养过程中可能出现的问题

(一)母猪拒绝接受寄养的仔猪 尽管出现这种情况往往说明你所选的母猪的脾气不宜当寄养母猪,但还是可以考虑采取以下措施：①事先使寄养的仔猪真正处于饥饿状态。②在寄母哺乳的时候引进被寄养仔猪。③在下午母猪要休息时将寄养仔猪放入圈内。④如果母猪爱踢脚的话，可把仔猪搁在母猪的后边或中间的乳头上。⑤母猪和整窝仔猪身上都要以盥洗用清凉剂喷雾，但要注意不要洒到眼睛上。⑥拿一些仔猪吃剩的陈旧补料或干草给母猪吃。

(二)寄养仔猪受窝内原有仔猪排斥　出现这种情况很难解决，但采用下列方法可能有些效果：①在上午晚些时候或下午早些时候给整窝仔猪少喂一次奶，使仔猪都很饥饿。②把寄养的仔猪用人工方法固定在空余乳头上。③把圈内该哺乳母猪的少许(不能多)粪便涂在寄养仔猪身上。但是应当注意，这样做有发生疫病的危险，尤其是当出现腹泻的时候。若要这样做，必须先请教一下兽医。④每一窝寄养的仔猪数量要控制在2头以内。⑤圈内放一块加热的垫子、木刨花或切短的稻草筑窝，或者垫上毯子供整窝仔猪躺卧，并用红灯照射。这样是要使所有仔猪在处于昏睡状态的同时令其气味混为一体。

(三)寄养的仔猪安顿不下来　有时人们把这种情况称为徘徊哀鸣综合征。此时寄养的仔猪烦躁不安，还会干扰“新家”中的其他仔猪。这样会使即使是最温驯的母猪都可能感到厌烦而拒绝接受这头仔猪，对于这种情况可试用下列方法解决：①吃饱肚子常能缓解这种情况。可以用胃管给寄养仔猪饲喂初乳。如果初乳不易取得，可以饲用一种温热的混合液(含奶油和牛奶各50%)，根据仔猪大小不同，饲喂量分别为每头20～40毫升不等。②切勿让寄养仔猪听到其亲生母亲示意开始哺乳的叫声，否则寄养常常会失败。仔猪对这种声音的听觉似乎特别敏锐。③或者可把表现烦躁的仔猪送回原窝而另换一头仔猪送去寄养。

第四章 仔猪疾病的诊断与治疗技术

第一节 仔猪疾病的诊断技术

一、临床诊断

仔猪的疾病管理是养猪生产中的重要环节，直接影响到养殖户的经济效益。由于哺乳仔猪成活率偏低的问题目前较为普遍，特别是在广大农村，有的养猪场仔猪的成活率甚至低于50%，严重影响了猪场的经济效益，有的猪场甚至因此而破产倒闭。所以，科学养育仔猪，提高其成活率是目前广大养猪场(户)必须重视的问题。而当今猪病出现了新变化，表现为病毒性疾病种类多，复杂程度不断加剧，继发感染、混合感染严重。因此，推行健康养殖，建立完善的生物安全体系，已成为有效控制疾病的基础。及时准确做出诊断是科学治疗生猪疫病的重要前提。作为一名从事猪病防控工作的技术人员，要求既要有扎实的畜牧兽医基础理论，又需具备一定的实践技能和经验才能胜任本职工作，下面笔者对仔猪临床诊断技术进行介绍。

(一)群体检查 临床诊断时，如猪的数量较多，不可能逐一进行检查时，应先做大群检查，从猪群中剔出病猪和可疑猪，然后再对其进行个体检查，即从整体入手再对可疑个体进行诊治。

1. 运动时的检查 首先观察仔猪的精神外貌和姿态步样。健康仔猪精神活泼，步态平稳，不离群，不掉队。而病仔猪多精神不振，沉郁或兴奋不安，步态踉跄，跛行，前肢软弱或后肢麻痹，毛色粗乱，离群，有时出现猪群或个别猪攻击病弱猪的情况。这时兽医要将病猪或疑似病猪隔离观察，一方面做到防止疫病的进一步扩大，另一方面是单独护理病猪，有利于病弱仔猪的治疗及恢复。

2. 休息时的观察 首先，有顺序地并尽可能地逐只观察猪的站立和躺卧姿态，健康猪吃饱后多合群卧地休息，当有人接近时常起身离去。病猪常独自呆立一侧，反应迟钝，或离群单卧，有人接近也不动。其次，观察仔猪是否有腹泻情况。

在安静的环境下，仔细倾听猪群的呼吸音，正常猪群呼吸音平稳，节奏稳定，当猪群出现呼吸系统疾病时，呼吸音粗糙紊乱，时有咳嗽声传出，此时兽医要特别注意。

（二）个体检查 通过问诊、望诊、嗅诊、切诊和听诊综合起来加以分析，有必要时也要对病猪或死猪进行剖检，以对疾病做出诊断。

1. 问诊 问诊是通过询问畜主或饲养人员，了解仔猪发病的有关情况，包括年龄、发病时间、头数、病前病后的表现、病史、治疗情况、免疫情况、饲养管理等情况，逐一进行分析。畜主或饲养员是仔猪饲养管理过程的主要实施者，他们是与猪群共处时间最长的人，优秀的饲养员对猪的各种习性有着充分的了解，对猪的健康状况有着充分的认识，所以好的问诊可以得到很多重要的诊断信息，它对猪病的诊断有着重要的意义。

2. 望诊 是观察病弱仔猪的整体表现，包括仔猪的肥瘦、姿势、步态及被毛、皮肤、黏膜、粪便、尿液等。对病弱仔猪的观察有着重要的临床诊断意义，一般来说，某一种病理状况的出现都预示着机体某一部分器官出现了状况，如发绀表示机体的呼吸系统或心血管系统出现了问题。

（1）*肥瘦* 一般急性病，如发生急性中毒、急性炭疽等病猪身体仍然肥壮；相反，一般慢性病如患腹泻和呼吸系统疾病等，病猪身体多瘦弱，体态不良。

(2)姿势　观察病猪的一举一动，如是否拱背、呼吸时的状态、精神状态是否良好等。

(3)步态　健康猪步伐稳定，如果患病时，常表现行动不稳，或不喜行走。当猪的四肢肌肉、关节或蹄部发生疾病时，则表现为跛行。

(4)被毛和皮肤　健康猪的被毛平整而不易脱落，富有光泽。在病理状态下，被毛粗乱蓬松，失去光泽，而且容易脱落。同时，还要观察体表是否有出血点、疹块或外伤。

(5)黏膜　健康猪可视黏膜光滑，呈粉红色。若口腔黏膜发红，多半是由于体温升高、身体有炎症所导致。黏膜发红并带有红点、血丝或呈紫色，有可能是由于严重的中毒或传染病引起的。若呈苍白色，多为贫血的表现；若呈黄色，多是肝脏、心脏患病的表现。

(6)采食、饮水　猪的采食、饮水减少或停止，首先要查看口腔是否有异物和是否患有口腔溃疡等。

(7)粪便、尿液　粪便主要检查其形状、硬度、色泽及附着物等。粪便过干，多为缺水和肠弛缓；过稀，多为肠功能亢进；混有黏液表示有炎症；含有完整饲料颗粒，表示消化不良。另外，还要认真检查其中是否含有寄生虫及其节片。排尿痛苦、失禁表示泌尿系统有炎症、结石等。

(8)呼吸　呼吸次数增多，常见于急性、传染性疾病；呼吸减少，主要见于某些中毒、代谢障碍性昏迷等。

3. 嗅诊　嗅闻分泌物、排泄物、呼出气体及口腔气味。如肺坏疽时，鼻液带有腐败性恶臭；胃肠炎时，粪便腥臭或恶臭；消化不良时，呼出气有酸臭味等。有些病猪其分泌物会含有特殊的气味，对疾病诊断有着重要的参考意义。

4. 切诊　是用手感触被检查的部位，以便确定被检查的各器官组织是否正常。

用手摸猪耳朵，检查其是否发热，再用体温计测量体温。高热常见于传染病。还要注意脉搏每分钟跳动次数和强弱等。

5. 听诊　是利用听觉来判断猪体内正常的和患病的声音，操作时要求保持周围环境安静。

(1)心脏　心音增强，见于热性病的初期；心音减弱，见于心功能障碍的后期或患有渗出性胸膜炎、心包炎；第二心音增强见于肺气肿、肺水肿、肾炎等病理过程中；听到其他杂音，多为瓣膜疾病、创伤性心包炎、胸膜炎等。

(2)肺脏　肺泡呼吸音过强，多为支气管炎、黏膜肿胀等；过弱，多为肺泡肿胀、肺泡气肿、渗出性胸膜炎等。支气管呼吸音多为肺炎的肝变期，见于猪的传染性胸膜肺炎等。

(三)剖检　在实际生产中，仅通过以上临床诊断技术还没有办法对猪群疾病进行诊断，有时还要对病弱仔猪进行剖检，目的是通过剖检病猪或死猪，以求得肉眼所能见到的各个脏器的异常变化。在剖检时，一定要尽可能地做到具体细致，绝不能马虎或妄下结论。有时还要注意在剖检过程中应先从外到内，并尽可能保持各个脏器的完好，力求通过剖检找到有代表性的典型病变。此外，还应注意尽可能挑选一些典型、有代表意义的猪进行剖检，所得结果也只能表明剖检病猪可能还有某种疾病，不能以偏概全，轻下结论。

当今猪病越来越复杂，多由各种因素共同致病，单一的猪病越来越少，复杂程度不断加剧，继发感染、混合感染严重，所以对各项临床诊断技术的熟练掌握对猪病的诊断有很大帮助。在实际生产中，要根据实际情况判断哪些病原是主要致病因素，哪些病原是继发因素，对猪病要进行合理的分析。

(四)病料的采集与送检　在猪病的诊断过程中，有的病例依据流行特点、临床症状、病理剖检变化便可以确诊，但在更多的情况下，疾病缺乏特征性的病变，甚至尸体剖检也看不到明显的变化，要确诊必须采集病料，送有关单位或实验室做进一步检验。

1. 病料采集的基本原则

(1)病料采集应有明确目的　根据疾病性质的不同而采集不同的病料，如怀疑为传染病，在采取病料时要根据怀疑的病种和病情有重点地采取病料，对难以判断是何病的可全面采集病料。例如，怀疑伪狂犬病，最好采集脑组织。

(2)采集的病料应新鲜、有代表性　采取病料应在病猪未死或死后立即进行，夏天不应迟于6～8小时，冬季不应迟于12～24小时。选择临床症状典型的病猪，取病理变化明显的组织采取病料。同时，注意在猪病程的不同阶段、生前和死后广泛采取病料，且有一定数量。以仔猪腹泻为例，采集病料要以发病急、未经过治疗且还未死亡的病猪最好。

(3)病料的采集应遵循无菌操作要求　采集病料要求无菌，所用的器械和容器必须事先灭菌，尽可能以无菌操作采集病料。各种脏器分别装入不同的容器内，但用于病理组织学检查的病料可放在一个容器内并尽早固定。每种病料使用一套器械，如器械不足，可清洗并用酒精火焰消毒后再使用。病料采集后，如不能立刻进行检验，应立即存放于冰箱中冷藏或冷冻保存。

2. 病料采集的方法

(1)微生物学检验材料的采集

①组织和实质脏器的采集方法　病料要用无菌操作方法从猪尸体采集，剖开腹腔时注意不要损坏肠道。如有细菌分离培养条件，应先用烧红的铁片烫烙脏器表面，用接种环自烫烙的部位插入组织中缓缓转动，取少量组织或液体，做涂片镜检或接种在培养基上。

②液体材料的采集方法　血液、胆汁、渗出液和脓液等，可用灭菌吸管、毛细吸管或注射器，经烫烙部位插入，吸取内部液体材

料,然后将材料注入灭菌试管中,塞好棉塞送检。也可用接种环经消毒部位插入,提取病料直接接种在培养基上。

③全血的采集方法 全血是指加入抗凝血剂的血液。用无菌操作方法采集静脉血,装入试管中。根据欲采的血量,在试管中加入适量的抗凝剂(5%柠檬酸钠、肝素、乙二胺四乙酸)。

④血清的采集方法 用无菌操作方法从猪的耳静脉或前腔静脉采血数毫升(一定不要加抗凝剂),放在灭菌的试管中,摆成斜面,待血液凝固,析出血清后,再将血清吸出,置于另一灭菌试管中。或将采取的血液置于离心管中,斜立凝固后,经1 000转/分离心5~10分钟后分离血清。

病猪死后血液凝固,血样很难采集。只有心脏尚可取出少量血,其大部分还是血浆成分,所以送检的血液材料,大都需要在病猪生前采取。

⑤肠道及肠内容物采集方法 肠道只需选择病变最明显的部分,将其中的内容物去掉,用灭菌水轻轻冲洗,然后放入盛有灭菌的30%甘油盐水缓冲保存液瓶中送检。也可将肠管剪开,除去内容物,用烧红的铁片轻轻烫烙黏膜表面,将接种环插入黏膜层,取少量材料接种在培养基上。烧烙肠道表面,用吸管扎穿肠壁,从肠腔内吸取内容物,放入试管中,或者将带有粪便的肠管两端结扎,从两端剪断送检。

⑥脑、脊髓的采集方法 采取脑、脊髓做病毒检查时,应将脑和脊髓取出,根据检验需要,采取脑、脊髓并浸入灭菌的50%甘油生理盐水中。

⑦长骨的采集方法 需要完整的长骨标本时,应将附着的肌肉和韧带等全部除去,然后用浸过消毒液的纱布包裹后,装入塑料袋中。

(2)病理组织学检验材料的采取 病猪死亡后,应尽快采集病理组织材料,选择典型病变部位连同邻近的健康组织一并采取,取材后立即将被检组织放入固定液中。

选取的组织材料要全面,包括器官的主要结构。根据器官组织的结构,确定其切面走向,采取纵切或横切方法选取组织。

选取病料时要尽量保持组织的原有形态,切勿挤压(使组织变形)、刮抹(使组织缺损)、冲洗(水易使红细胞或其他细胞成分吸水膨胀甚至破裂)。

选取的组织块大小要适当,通常为长和宽各 1 厘米,厚 0.3～0.5 厘米。采取标本时,可先切取稍大的组织块,待固定一段时间(数小时至过夜)后,再修整成适当大小并更换固定液继续固定。常用的固定液为 10％甲醛溶液,固定液量为组织块的 5 倍以上,固定时间一般为 1～3 天。

不同病例的组织,应在不同容器中固定,或分别用纱布包好后放在同一容器内,并用铅笔书写标号。对于特殊病灶要做适当标记。当类似组织较多,易造成混淆时,可分别固定于不同的瓶中,并附上标记。

(3)毒物检验材料的采取　容器要求清洁,无化学杂质,不要在容器内放防腐消毒剂。注意切勿与任何化学药剂接触混合,以免发生反应而妨碍检验。

对中毒的活猪,可采用导胃管采取胃内容物,并同时采取粪便、血液、尿液。如猪已死亡,在剖检时采取胃内容物、胃壁、肠段、心、肝、血液、尿液、肾、膀胱等。也可将整个胃取出,两端结扎后送检。每一种病料应单独放在一个容器内,不要混合。

3. 病料的保存方法

(1)细菌检验材料的保存　无菌采取的脏器病料,可置于无菌容器内在 4℃～8℃条件下保存。有污染可能时,应将病料放在灭菌液状石蜡或 30％甘油缓冲液或饱和氯化钠溶液中。液体材料置于灭菌试管或小瓶中,加塞密封即可。棉拭子样品可放入营养液中保存。

(2)病毒检验材料的保存 病料应在－20℃或－80℃条件下保存。如无冷冻条件,可将采取的病料保存于50%甘油生理盐水中,容器加塞封固。

(3)血清学检验材料的保存 血清应在－20℃条件下保存,不要反复冻融,也可在每毫升血清中加入3%～5%石炭酸溶液1～2滴,以防止腐败。

(4)病理组织学检验材料的保存 将采取的组织块立即放入10%甲醛溶液中固定,注意组织块切勿冻结,在严寒季节可用95%酒精固定。亦可将上述固定好的组织块取出,保存于甘油和10%甲醛等量混合液中。脑、骨髓需用10%中性甲醛溶液固定。

(5)毒物检验材料的保存 应立即送检。如不能立即送检,应放入冰箱保存(不应加防腐剂)。

4. 病料的送检方法

(1)病料包装 将盛有病料的容器加塞、加盖并贴上胶布,用蓝色圆珠笔清楚地注明内容物、代号及采取时间等。将其装入塑料袋中,再置于加有冰块的广口保温瓶中,瓶内最好放些氯化铵,中层放冰块,上层放病料。

(2)病料运送 要求安全、迅速地送到检验单位,最好派专人运送。在送检途中严防容器破损,避免病料接触高温及日光,防止腐败和病原微生物的死亡。

(3)样品记录 样品记录应伴随样品送到实验室,记录内容应包括以下几方面:畜主的姓名和猪场(圈)的地址,场(圈)里饲养的生猪品种及数量,被感染的猪只种类,首发和继发病例的发病日期及造成的损失;出现临床症状的猪只数量、死亡猪只数量及其年龄,临床症状及其持续时间,死亡情况和时间,基本病理变化,免疫和用药情况等;送检样品清单和说明,包括病料的种类、保存方法,要求做何种检测,送检者的姓名、地址、邮编和电话,送检日期等。

二、实验室诊断

(一)30 分钟内出结果的检测方法 以下实验室检测技术,可于 30 分钟内得出结果,适用于基层兽医站及具备实验室条件的大、中型猪场。

1. 血常规检查

(1)血红蛋白测定

①操作 取清洁干燥的血红蛋白管,滴 1%盐酸至测定管下部 2～4 刻度处,用血红蛋白吸管吸取供检血液至 20 毫米^{3}处,用干的脱脂棉擦净吸管外的血液,将吸管插入测定管的底部,把血液迅速吹入测定管内,反复用吸管吹吸数次,并用细玻璃棒轻轻搅匀。将测定管置于比色计内,静置 5～6 分钟,用滴管滴加盐酸,直至其颜色与标准比色柱相同为止,测定管内液面的高度即为血红蛋白含量。猪的血红蛋白正常值为 13(10～16)克/100 毫升。

②临床意义 血红蛋白增加,可见于各种原因引起的血液浓缩,如急性胃肠炎、便秘、肠变位、肠阻塞、渗出性胸膜炎和腹膜炎、日射病与热射病,以及某些传染病等;血红蛋白减少,可见于各种类型的贫血,如内脏出血、外伤、焦虫病、锥虫病、钩端螺旋体病、血红蛋白尿症、微量元素缺乏症及某些毒物中毒等。

(2)红细胞计数

①操作 临床上多用试管法。先用吸管吸取 3.98 毫升生理盐水置于干净的试管中,用血红蛋白吸管吸取供检血液至 20 毫米^{3}处,用干的脱脂棉擦净吸管外的血液,将吸管插入已装有生理盐水试管的底部,缓缓放出血液于试管内,反复用吸管吹吸数次,使血液与生理盐水混合均匀,即得 200 倍稀释的血悬液。取清洁、干燥的盖玻片盖在计数板上,将计数板放置于显微镜下,用低倍镜找到计数室。然后用小吸管吸取稀释的血液,滴入盖玻片边缘和

计数板空隙处,稀释的血液即可渗入并充满计数室,静置1～2分钟,转用高倍镜开始计数。

一般计数中央大方格内四角4个及中央1个共5个中方格,即80个小方格内的红细胞数。计数时对于压线的红细胞,按照"数上不数下,数左不数右"的原则,即每格都只计入上方和左侧线上的,而压在下方和右侧线上的红细胞均不计入。所计数的红细胞数再乘以10 000,即得每立方毫米的红细胞数。猪红细胞量为6.5(5～8)×10^{12}个/升。

②临床意义 红细胞增多,见于各种原因引起的血液浓缩,如腹膜炎、大出汗、便秘、肠变位、渗出性胸膜炎和腹膜炎;红细胞减少,见于各种原因的贫血,如出血性贫血、营养不良性贫血、传染性贫血等。

(3)白细胞计数

①操作 临床多用试管法,吸取0.38毫升白细胞稀释液(1%～3%醋酸溶液或1%盐酸溶液)放入清洁干燥的试管中,用血红蛋白吸管吸取供检血液至20毫米^{3}处,用干的脱脂棉擦净吸管外的血液,将吸管插入已装有稀释液试管的底部,缓缓放出血液于试管内,反复用吸管吹吸数次,混合均匀,使血液中红细胞破裂以便进行白细胞计数。取1滴充入计数室内,在低倍镜下计数四角处4个大方格内的白细胞总数,所计数的白细胞总数再乘以50,即得每立方毫米的白细胞数。猪的白细胞总数为14.66×10^9个/升。

②临床意义 白细胞增多,常见于各种细菌感染,如葡萄球菌、链球菌、大肠杆菌、绿脓杆菌感染等,以及器官炎症性疾病如大叶性肺炎、严重剧烈性胃肠炎、肾炎、子宫炎、乳腺炎等;白细胞减少,常见于流行性感冒、病毒性肠炎、圆环病毒病、猪瘟等病毒性疾病,以及磺胺类药物中毒和动物濒死期等。

(4)白细胞分类计数

①操作　取一清洁、干燥的玻片作为载玻片，另取一边缘光滑、平整的玻片作为推片，先取供检血1小滴放于载玻片的一端，以左手的拇指和中指夹持载玻片，右手持推片放于血滴之前，呈30°～40°角使之与血滴接触。待血液扩散开后以均等速度轻轻向载玻片的另一端推动，即可在载玻片上形成一血膜。待血片干后，用瑞氏染色法染色。油镜观察，计数100个白细胞，得出各类白细胞所占的百分比。

②临床意义　嗜中性粒细胞增多，见于各种细菌性感染，其中分叶核增多为核右移，见于重症贫血及严重的化脓性疾病等，若幼稚型和杆状核增多，为核左移，见于支气管炎、胃肠炎等。嗜中性粒细胞减少，见于病毒性疾病、疾病重危期以及造血器官功能衰竭等。嗜碱性粒细胞增多，见于变态反应性疾病等。单核细胞增多，见于焦虫病、锥虫病、弓形虫病、李氏杆菌病、结核病、布鲁氏菌病等；单核细胞减少，见于急性传染病初期和疾病重危期。淋巴细胞增多，见于某些慢性传染病（如结核病、布鲁氏菌病等）、病毒感染及淋巴细胞白血病；淋巴细胞减少，多伴发于嗜中性粒细胞增多之时。

(5)血液寄生虫检查

①涂片法　操作过程同白细胞分类计数。血孢子虫检查时血片宜薄，用高倍镜检查。

②沉集法　用于检查血液中的锥虫。从病猪颈静脉采血，盛在预先装有3.8%柠檬酸钠溶液的沉淀管内，离心5～10分钟，此时红细胞沉淀于管底部，白细胞在红细胞上面。虫体集于红细胞、白细胞交界处或白细胞层内。用吸管吸取此交界处或白细胞层内的材料涂片镜检观察，可以看到活的锥虫虫体，在病猪发热期检出率较高。

2. 尿液检查

(1)尿比重测定 将尿液盛于适当大小的量筒内，将尿比重计浸入尿液中，经1～2分钟后读取尿液凹面的指示数即为尿比重数。若尿量不足时，可用蒸馏水稀释数倍，然后将测得的尿比重数的最后2位数字乘以稀释倍数，即是原尿的比重。正常猪的尿比重为1.018～1.050。尿比重增高，见于热性病、便秘、重度胃肠炎、急性肾炎、热射病或日射病等；尿比重降低，见于肾功能障碍、间质性肾炎、肾盂肾炎、酮尿症等。

(2)尿液酸碱度测定 采用pH试纸法。正常猪尿液pH值为6.5～7.8。若尿液呈酸性，见于热性病、软骨症、酮血症、饥饿等。

(3)尿液中蛋白质检查 采用磺柳酸法。取少许尿液滴于载玻片上，滴加1～2滴20%磺柳酸溶液，如有蛋白质存在，即产生白色浑浊。健康猪的尿液中仅含有微量蛋白质，一般方法难以检出，但当大量饲喂蛋白质饲料或妊娠期，可呈现一时性的蛋白尿。病理性的蛋白尿，见于急性或慢性肾炎、膀胱炎、尿道炎及急性热性传染病和某些中毒病等。此方法方便、灵敏性高(约为0.0015%)。

(4)尿潜血检查 采用联苯胺法。取少量的联苯胺粉溶解在2毫升冰醋酸中，加3%新鲜过氧化氢溶液4毫升，振荡混合后加入等量的被检尿液。如液体变为绿色或蓝色，则表示尿液中有血红蛋白存在，见于泌尿系统各部位的出血、钩端螺旋体病、炭疽、血孢子虫病和某些中毒病等。

(5)尿酮体测定 先取无水硫酸铵20克、无水碳酸钠10克、亚硝基铁氰化钠0.5克，充分研细混合，封闭于棕色瓶中备用。临用时取少量上述混合物的粉剂放在以白色为背景的瓷板(盘)上，加被检尿液1滴，呈紫色即为阳性，5分钟后仍不显色可判为阴性。尿液中出现酮体，多见于酮血症。

(6)尿沉渣检查　将尿液以2 000转/分离心,沉淀3～5分钟,弃去上清液,取少量沉淀物置于载玻片上,盖上盖玻片,先用低倍镜观察,再用高倍镜观察。尿沉渣包括有机沉渣和无机沉渣2种,其中有机沉渣的临床意义较大,现就有机沉渣的形态和临床意义介绍如下。

①红细胞检查　正常尿液中无红细胞,尿液中出现红细胞为病理状态。若尿液中蛋白质含量增多,同时可见到肾上皮细胞及红细胞管型,提示肾源性出血;若尿液中出现肾盂上皮细胞及膀胱上皮细胞,并有大量血块,提示出血部位在肾盂、膀胱和尿道。

②白细胞检查　正常尿液中有少量白细胞,若尿液中有大量白细胞提示炎症性疾病。如尿液中只有白细胞而无蛋白质和肾上皮细胞提示尿路炎症;若同时伴有蛋白质增多和出现肾上皮细胞,多见于肾炎。

③脓细胞检查　主要为变性的嗜中性粒细胞,常集聚成团,结构模糊,隐约可见细胞核。正常猪的尿液中不应含有脓细胞,若出现脓细胞,见于肾炎、肾盂肾炎、膀胱炎及尿道炎。

④肾上皮细胞检查　肾上皮细胞呈多角形、圆形,比白细胞大,细胞核为圆形,位于细胞中央,细胞质中有小颗粒。尿液中出现大量肾上皮细胞,见于肾小球肾炎。

⑤肾盂及尿路上皮细胞检查　肾盂上皮细胞呈高脚杯状,细胞核较大,偏于一侧。尿路上皮细胞多呈纺锤形,也可见多角形、圆形,核较大,位于细胞中央或偏于一侧。尿液中出现大量肾盂及尿路上皮细胞,见于肾盂肾炎和输尿管炎。

⑥膀胱上皮细胞检查　细胞大而扁平,核小呈圆形或椭圆形,大量出现见于膀胱炎。

⑦管型检查　管型是在肾小管内由蛋白质变性凝固或由蛋白质与某些细胞成分相黏合而形成的圆柱状结构。按其形状和特性可分为透明管型、上皮管型、红细胞管型、颗粒管型等。

透明管型结构细致、均匀，边缘明显，几乎透明，长短不一，是上皮管型和血细胞管型的构成基础，见于肾脏疾病；上皮管型见于急性肾炎；红细胞管型提示肾脏有出血性炎症；颗粒管型为肾上皮细胞变性、崩解所形成的管型，表面散在大小不等的颗粒，不透明，粗而短，常断裂成节，见于急、慢性肾炎。

3. 粪便检查

(1)粪便潜血检查 常用联苯胺法。取粪便少许涂在载玻片上，在酒精灯上加热烤干后，滴加1%联苯胺冰醋酸溶液及过氧化氢溶液各1滴，立即出现深蓝色或深绿色的为最强阳性反应(＋＋＋＋)；30秒出现蓝色的为强阳性(＋＋＋)；30～60秒内出现蓝色的为阳性反应(＋＋)；1～2分钟内出现蓝色的为弱阳性反应(＋)；2～5分钟内出现蓝色的为微量反应(±)；5分钟后不出现蓝色的为阴性(－)。

粪便潜血阳性见于胃肠道出血性疾病，如胃出血、胃溃疡、出血性胃肠炎等。

(2)粪便中虫体检查 粪便中的虫体和节片，较大者如绦虫节片，直接用肉眼观察即可见到似米粒样的白色孕卵节片，有的还能蠕动；较小的通常采用水洗沉淀法检查，先将粪便收集于一大平皿中，加入5～10倍清水，搅拌均匀后静置10～20分钟，弃上层液体，重新加入清水，搅拌沉淀，反复操作，直至上层液体清澈为止，最后在含虫粪渣中用肉眼或放大镜仔细查找虫体。

(3)粪便中虫卵检查

①直接涂片法 先滴1滴蒸馏水于载玻片上，然后用火柴棒挑取绿豆大小的粪便1块，放在载玻片上与水混合，将粗纤维推到一端，涂片厚薄要适宜(能透现出字迹为度)，盖上盖玻片，置于低倍显微镜下仔细检查虫卵。本法操作简单，但若体内寄生虫数量不多时，被检粪便中虫卵含量少，则检出率低。

②水洗沉淀法 取新鲜粪便5～10克，加清水100毫升，搅

匀，用40～60目铜筛过滤。滤液收集于三角烧瓶或烧杯中，静置沉淀10～20分钟，倾去上层液，再加水混匀沉淀物。如此反复操作，直至上清液透明后，倒去上层液体，用吸管吸取沉渣，涂在载玻片上，盖上盖玻片后用低倍显微镜检查。此法适用于猪肝片吸虫虫卵、前后盘吸虫虫卵的检查。

③饱和盐水漂浮法　取粪便2～3克置于青霉素小瓶中，先加饱和食盐溶液（1 000毫升蒸馏水中加入食盐380克）少量，用玻璃棒将粪便充分捣碎。再加入饱和食盐溶液至瓶口，在瓶口覆一载玻片，玻片与液面接触，静置数分钟后，平提玻片，迅速反转，盖上盖玻片，镜检。此法适用于检查线虫、绦虫虫卵和球虫卵囊。

④锦纶筛兜集卵法　取新鲜粪便5～10克，加水搅匀，先用40～60目铜筛过滤。滤液再通过260目锦纶筛兜过滤，并在锦纶筛兜中继续加水冲洗，直至洗出液清澈透明为止。挑取兜内粪液做抹片检查。此法适用于宽度大于60微米的虫卵的检查。

4. 常见毒物的定性检验

（1）黄曲霉毒素B_1的定性检验　称取被检样100克于500毫升锥形瓶中，加入萃取液（7份甲醇、3份水）300毫升，在磁力搅拌器上搅拌3分钟后静置，取上清液150毫升于500毫升分液漏斗中。取30毫升苯于分液漏斗中，振荡30秒后加入纯水300毫升，待分层后弃去下层液，将上层液移入烧杯中加热蒸干，加入0.5毫升纯水，使之溶解。然后取上清液1滴（0.05毫升），滴于滤纸上，待干后在紫外光下观察，滤纸上若出现蓝色荧光，表明有黄曲霉毒素B_1存在，必要时可用标准黄曲霉毒素作对照。

（2）菜籽饼中有毒物质的定性检验　取菜籽饼20克，加纯水100毫升，充分混合，静置过夜。取浸出液10毫升分置于2个试管中，每管5毫升，取其中一管，加入浓硝酸2～3滴，若迅速呈现明显的红色者为阳性；向另一管中加入浓氨水2～3滴，如果能迅速呈现明显的黄色者为阳性。

(3)有机磷农药的定性检验　取可疑农药5～10滴,加水4毫升,振荡使之乳化后,加10%氢氧化钠溶液1毫升,如变成黄色为对硫磷;如无颜色变化,再加1%硝酸银溶液2～3滴,出现灰黑色为敌敌畏,出现棕色时为乐果,出现白色则为敌百虫。

(二)病原学检测技术　目前,对于大多数猪病的诊断,仅仅依靠流行病学调查、临床病理解剖等往往不能确诊,还需要进行病原学的检测。病原学检测主要是进行病原的分离和鉴定以及通过血清学检测方法和分子生物学方法等检测病原。

1. 细菌的分离和鉴定　在生猪的病原菌检测中,需进行病菌的分离培养,从而获得单独的一种细菌纯培养物,然后通过生化试验、动物接种等方法,最后做出病原学的诊断。

(1)待检材料的处理　待检材料一般不必处理,可直接用来作细菌分离。当待检材料有较严重的污染而又不得不利用时,可根据材料污染的程度及其中可能存在的病原菌的性质,而采用不同方法加以处理,然后将处理过的材料接种于培养基上,进行细菌分离培养。

①加热处理　通过革兰氏染色镜检,当怀疑病料中存在有芽孢的病原菌时,可将待检组织加入灭菌生理盐水中磨碎(如为液体材料可以不必磨)配成1∶5～10的稀释液,放在50℃～75℃水浴中加热20～30分钟,以杀死抵抗力弱的微生物,而有芽孢的细菌仍存活,然后将这种材料接种到适当的培养基上,即可能得到纯培养物。

②通过敏感实验动物处理　在待检材料中存在有某种可疑的病原菌(如猪丹毒杆菌)时,可感染对该种病原菌最易感的动物(鸽子),待试验动物发病或死亡后,取其血液或组织器官材料接种到培养基上,利用这种方法,一方面可以在混有腐生杂菌的材料中分离病菌,另一方面可以确定病原菌的病原性或毒力。

③化学药品处理　有些药品对于某些细菌有极强的抑制力,

而对另一些细菌则没有,因此可将其加入到培养基中分离某些细菌。如用50%酒精及0.1%升汞水溶液分别处理真菌性病料几分钟,再用灭菌水洗涤,这样可以抑制一部分污染在病料上的杂菌生长。

(2)细菌的分离和培养

①细菌的分离方法　细菌的分离最常用的方法是固体培养基分离法,即取少许待检材料,在固体培养基表面逐渐稀释分散,使成单个细菌,经培养后,形成单个菌落,从而得到细菌的纯培养,具体操作方法有很多种,其中平板划线法和斜面分离法较为常用。

平板划线分离法:主要用于污染的被检材料和有多种杂菌的病原菌分离。通过划线分离而获得单个菌落,然后根据单个菌落的形态及其特征,挑取所需的单个菌落,移种到斜面培养基内,获得纯培养后,再进行鉴别诊断。其操作过程是:用灭菌接种环挑取被检材料少许,左手托琼脂平板,靠近火焰,同时用拇指、食指和中指将平皿盖打开,使盖与底呈30°角。将材料先涂于培养基的一边,做第Ⅰ区划线,然后将接种环在酒精灯火焰上灭菌,待接种环冷却后,再用接种环于平板培养基第Ⅰ区划线的交接处进行第Ⅱ区划线,再如上法灭菌,依次划Ⅲ区、Ⅳ区为止。这样按区划线,细菌数逐渐减少,即可获得单个细菌菌落。

斜面分离法:每份待检材料用3支斜面培养基,用灭菌接种环蘸取少许病料,放在第一管斜面培养基底部的凝结水中,共移3接种环,轻轻混合,依次由第一管向第二管,移3接种环混合后,将斜面稍平放,使凝结水由底部向斜面流动,左右倾斜,让凝结水布满斜面表面,然后将培养基直立,同样再由第二管向第三管接种。接种完毕置于37℃条件下培养,由于病料的递次稀释,第二、第三管斜面上常可出现单个菌落。

②细菌的培养方法　据待检材料和培养目的的不同,采用不同的培养方法。

需氧培养法：又称一般培养法，将已接种分离好的平板、斜面，直接置于37℃恒温箱中培养18～24小时。一般需氧菌、兼性厌氧菌均可于培养基上生长，但难以生长的细菌需培养较长时间。

二氧化碳培养法：某些细菌需在含10％的二氧化碳环境中方能生长。将培养基放入二氧化碳培养箱中。也可用烛缸法，即取带盖的大玻璃缸，在缸盖接触处涂以凡士林，将接种后的培养基放入缸内，并将一段蜡烛点燃后放入缸内，烛火与缸盖距离10厘米以上，防止缸盖烧裂。缸盖密封，缸内蜡烛燃烧不久即熄灭，此时缸内约含10％二氧化碳，再将玻璃缸置于37℃条件下培养。

厌氧培养法：某些细菌需在无氧条件下方可生长，因此要将接种这些细菌的培养基放到无氧环境中，于37℃～38℃条件下培养。常用的方法有低亚硫酸钠法、焦性没食子酸法和疱肉培养基法等。

(3)细菌的鉴定　分离得到细菌的纯培养物后，可通过形态学、培养特性、生化特性的检查以及动物试验和抗原性分析等多种方法加以鉴定。下面介绍常用的形态学和生化特性检查方法。

①形态学检查法　为了便于在显微镜下观察细菌的形态特征，鉴别细菌种类，需将细菌材料制成不染色标本或染色标本片。这里主要介绍染色标本片的制作过程。

涂片：取一载玻片，将接种环火焰灭菌后，挑1～2环无菌生理盐水或蒸馏水，放在玻片中央，再将接种环灭菌，从固体培养物上挑取少许细菌，与玻片上液体混匀，形成直径约1厘米的涂面。液体培养物可直接用灭菌的接种环挑一环，均匀地涂在玻片上。涂片要求涂面薄，均匀一致，最好一次多涂几张，以保证充分检查。涂片制好后，一般让其自然干燥，如有时气温低，标本不易干燥，可将标本面向上，小心地置于火焰的高处，略烘干燥。

固定：目的将细菌杀死而固定在玻片上，保持细菌的固有形态，使细菌容易着色。一般采用火焰固定法，即手持涂片，菌膜面向上，通过酒精火焰 3～4 次；也可用甲醇、丙酮等固定，即涂片自然干燥后，将甲醇液滴满玻片菌膜面，固定 3～5 分钟。

染色：目的在于观察和识别细菌。根据细菌的不同，采用不同染料和染色方法以鉴别细菌物种类型。常用的染色方法有革兰氏染色法、美蓝染色法、瑞氏染色法和姬姆萨染色法。

干燥：涂片经水洗后，除去多余水分，在室温中自然干燥或在37℃恒温箱中加温干燥，必要时也可将涂片夹在两层滤纸之间，轻轻压干。

镜检：镜检时先用低倍镜扩大找到染色良好的部位，再用油浸镜仔细检查。良好的染色涂片，背景清楚，菌体着色鲜明。镜检时，应注意观察菌体的大小、形态、排列规律，是否产生芽孢和芽孢位置，有无荚膜以及染色反应。

②生化特性检查法　细菌在培养基上，通过酶的作用可使培养基中的物质转化为其他的物质，利用细菌的这种系列化特性来鉴别细菌称为生物化学试验。

糖(醇)类发酵试验：检测细菌能否发酵糖类产生酸，从而改变培养基的酸碱度。如在糖类培养基中加指示剂，需氧菌常用邓亨氏(Dunham)蛋白胨水溶液加 0.5%～0.7%的琼脂、1.6%溴甲酚紫酒精溶液、特定糖或醇(有市售各种微量发酵管也可用)。厌氧菌用含胨、盐、硫羟代乙醇酸钠、琼脂的高层半固体培养基加半指示剂同上。接种后置于 37℃～38℃恒温箱中培养 24～48 小时，观察发酵情况，产酸菌可使培养基改变颜色，产气菌可使倒立的发酵管上部出现气泡。

靛基质试验：检测细菌能否分解色氨酸蛋白胨产生靛基质(吲哚)，及与对二甲氨基苯甲醛作用后形成玫瑰吲哚(呈红色)。方法是：将纯培养细菌接种在蛋白胨水培养基，置于 37℃～38℃恒温箱中培养 24～48 小时，然后向培养物中慢慢加入 0.5～1 毫升含对二甲氨基苯甲醛的 2%酒精，不摇动可形成明显的 2 层，再慢慢滴加浓盐酸数滴。此时，若培养物与试剂接触面上出现红色，则为阳性，无色为阴性。

甲基红试验：测定细菌分解葡萄糖产酸程度，甲基红指示剂在酸性时（pH 值 4.2 以下）呈红色反应；在 pH 值为 6.6～4.5 时，呈黄色反应。方法是：将被测菌接种葡萄糖蛋白胨水中，37℃条件下培养 2～3 天，滴加甲基红指示剂数滴，观察反应。红色为阳性反应，黄色为阴性反应。

V-P 试验：检测细菌分解葡萄糖时，是否产生乙酰甲基甲醇中间产物。乙酰甲基甲醇在碱性条件下，遇空气被氧化为二乙酰，与蛋白胨中的精氨酸所含的胍基起作用，生成红色化合物。方法是：将被测菌接种葡萄糖蛋白胨水中，37℃条件下培养 2～3 天，滴加 V-P 甲液和 V-P 乙液，15 分钟后观察，出现红色反应为 V-P 试验阳性，出现黄色为 V-P 试验阴性。

柠檬酸利用试验：检测细菌是否能把柠檬酸盐作为唯一供碳源。方法是：将菌接种在柠檬酸盐和溴麝香草酚蓝培养基上，置于 37℃条件下培养 2～4 天，如细菌生长则分解柠檬酸，而生成碳酸盐，使培养基呈碱性反应，培养基中的溴麝香草酚蓝指示剂由绿色变蓝色，即为阳性反应，仍为绿色为阴性反应。

硫化氢产生试验：检测细菌分解培养基中的含硫氨基酸（如胱氨酸、半胱氨酸）是否产生硫化氢，其遇到重金属盐类，如铅或铁等化合物，生成黑色沉淀。方法是：将培养物穿刺接种于醋酸铅培养基内，37℃条件下培养 24 小时，观察硫化氢的产生情况，如培养基呈黑色，则为阳性反应。

尿素酶试验：检测细菌是否能分解尿素产生氨。细菌分解尿素产生 2 分子氨，使培养基 pH 值升高，指示剂酚红显示出红色，即证明细菌有尿素酶。试验方法：用接种环将待检菌培养物接种于尿素琼脂斜面，不要穿刺到底，下部留作对照。置于 37℃条件下培养，于 1～6 小时检查（有些菌分解尿素很快），有时需培养 24

小时至6天(有些菌则缓慢作用于尿素)。若为阳性反应,则琼脂斜面呈粉红色至紫红色。

接触酶试验:检测细菌有无接触酶的存在,过氧化氢的形成看做是糖需氧分解的氧化终末产物,因为过氧化氢的存在对细菌是有毒性的,细菌产生酶将其分解,这些酶为接触酶(过氧化氢酶)和过氧化物酶。具体方法:可用接种环将一菌落放于载玻片中央,加1滴3%过氧化氢溶液于菌落上,立即观察有无气泡出现,也可在菌落和3%过氧化氢溶液混合物之上放一张盖玻片,可帮助检出轻度反应,还可降低细菌气溶胶颗粒的形成。也可直接将3%过氧化氢溶液加到培养琼脂斜面或平板上直接观察有无气泡出现(血琼脂平板除外)。

氧化酶试验:测定细菌细胞色素氧化酶的产生。阳性反应限于那些能够在氧气存在下生长的同时产生细胞内细胞色素氧化酶的细菌。具体方法:加2～3滴试剂于滤纸上,用一搅拌签挑取一个菌落到纸上涂布,观察菌落反应。阳性反应在5～10秒内呈粉红色到黑色,15分钟后可出现假阳性反应。也可将试液滴在细菌的菌落上,菌落呈玫瑰红色至深紫色者为阳性。也可在菌落上加试液后倾去,再徐徐滴加用95%酒精配制的1%的α-萘酚溶液,当菌落变成深蓝色者为细胞色素氧化酶阳性。

注意操作时只能使用搅拌签(或铂金环),因为使用铁丝会出现假阳性反应。不要使用在含葡萄糖培养基上生长的菌落,因为它的发酵作用会抑制氧化酶的活性,可出现假阴性结果。

硝酸盐还原试验:检测细菌能否使硝酸盐还原为亚硝酸盐,在酸性溶液中,亚硝酸盐可与氨基苯磺酸结合成重氮盐,再与a-萘胺相遇成为红色偶氮化合物。具体方法是:将菌接种在硝酸盐培养基上,培养1～4天,加入还原试剂甲液(d-萘胺0.25克,加5克/升冰醋酸50毫升)0.1毫升,混合后再加入乙液(氨基苯磺酸0.4克,加5克/升冰醋酸50毫升)0.1毫升,如呈红色为阳性。

2. 病毒的分离和鉴定

(1)病毒材料的处理

①组织材料　如脑、肝等，取一小块，充分剪碎，置组织研磨器或加石英砂的乳钵中研磨。随后加入汉氏液或磷酸缓冲液生理盐水，做 1∶10 稀释(可根据病毒性质而采取适宜的稀释度)，制成混悬液，每毫升加入青霉素、链霉素各 1 000 单位，移入灭菌试管中，－20℃反复冻融 3 次，然后以 3 000～4 000 转/分离心 20～30 分钟，取上清液作接种物。

②分泌物或渗出物　如鼻液、脓液等，用每毫升含青霉素、链霉素各 1 000 单位的汉氏液，将其稀释 5 倍，置于 4℃冰箱过夜，再以 2 000 转/分以上速度离心 20 分钟，取上清液接种用。

③粪便材料　可用棉拭子插入肛门蘸取，或从病死猪的肠道中采取，用含有 2%犊牛血清的汉氏液将其做 20 倍稀释，并每毫升加入青霉素、链霉素各 1 000 单位，置于 4℃冰箱 4 小时或过夜后，以 3 000 转/分速度离心 20 分钟，取上清液作接种用。

必须注意的是，接种材料在接种前应做细菌培养试验，培养无菌的可作接种用，培养有细菌生长的要进一步做无菌处理。

(2)病毒的培养

①实验动物接种　动物实验是分离和研究病毒的主要方法。主要用于传染病的诊断，测定对动物的感染范围，鉴定病毒和不同毒株间的抗原关系等。

应根据欲分离病毒的种类，选择易感性强的动物。同一次实验中的动物，要在年龄、体重上基本一致，应健康无病，最好是无特定病原(SPF)动物。常用的动物有家兔、小白鼠、豚鼠等。有的实验则要用被检动物进行，如分离鉴定猪瘟病毒，要用猪进行实验。接种途径要根据实验目的而定，常用的方法有皮下、皮内、肌内、静脉、胸腔、腹腔、鼻内和颅内接种等，所用针头大小应视动物的大小及注射部位而定。

选择生长旺盛的敏感细胞，如所需病毒来自猪，可选择猪原代细胞、传代细胞、细胞系等，将其中的营养液弃去，用汉氏液洗涤2次，加入不同稀释度的待检病料上清液，每个稀释度至少用2个培养瓶。病料上清液接入量以能盖满细胞层为度。摇匀后置于37℃恒温箱感作1小时，使病毒吸附于细胞上。

如果接种物毒性太大，则可使其吸附细胞60分钟，将其吸出，然后用洗涤液洗涤1次细胞，降低其毒性。最后向上述接种病料组织的培养细胞内加入细胞生长维持液，置于37℃恒温箱中培养。

(3)*病毒增殖的判定* 病料接种敏感实验动物后，可根据其发病特点、临床症状、死亡及病理变化等，判定病料中病毒的存在，并可用实验动物的血清做中和试验来证明病毒的存在。

病料接种组织细胞中进行培养，如果出现细胞病变现象，表明病毒已在细胞中增殖，而且对细胞产生了损害，可根据细胞病变特点来判定病毒种类。观察细胞病变，在100倍显微镜下进行，一般每天观察2次，可看到细胞变性、脱落、凝缩、团聚等现象。若要观察细胞包涵体，需将细胞培养物染色。

(4)*病毒毒力的判定* 病毒培养物毒力测定常用的方法有2种：一是测定实验动物的半数致死量(LD_{50})，二是测定半数细胞培养物感染量($LCID_{50}$)。

3. 分子生物学检测方法 以核酸为基础的分子生物学检测方法是基于每一种病原体含有特异的DNA或RNA序列。当体外培养基或培养方法没有建立起来时，分子生物学技术可以排除这些中间环节，直接进入检测的核心，且具有极高的特异性与敏感性。根据研究范围和目的，可以把病原鉴定到亚种、株，甚至可区别不同毒株间单个核苷酸的差别。分子生物学检测方法主要包括聚合酶链式反应技术(PCR)、探针杂交法、限制性酶切和核苷酸测序等。

(1)聚合酶链式反应技术　病毒学诊断最常用的试验技术,其优点为快速、敏感、特异、准确、检测批量大、可活检。由本技术衍生出反转录-聚合酶链式反应(RT-PCR)技术、多重聚合酶链式反应技术、荧光定量聚合酶链式反应技术等。根据实验室条件一般检测时间需要4～8小时。

参与聚合酶链式反应技术的4个主要成分是模板DNA、引物、耐热Taq酶以及作为合成DNA分子原料的核苷酸单体。只要抽提出病毒核酸,根据设计的引物,利用PCR仪进行反应,电泳检测PCR产物,就能判断样本是否被特定病原体感染。阴性结果有临床意义,阳性结果要结合临床症状、病例剖检判定。例如,引发乳猪与断奶仔猪水样腹泻的3种病毒病——传染性胃肠炎病毒、流行性腹泻病毒、轮状病毒在临床鉴别上有一定难度,可设计引物用反转录-聚合酶链式反应技术快速鉴别诊断。

(2)环介导等温扩增技术(LAMP)　本法是一种新的核酸扩增技术,它依赖于4条特异性引物和1种具有链置换特性的DNA聚合酶,在等温条件下可高效、快速、高特异地扩增靶序列,具有简便、快速、不需要昂贵的PCR仪和特殊试剂,适合现场使用,能在30～60分钟内获得结果等优点。目前已经在猪蓝耳病、口蹄疫、伪狂犬病、细小病毒病的检测中得到使用。但本方法对技术操作要求高,在试验操作中要防止试剂等污染以造成假阳性。

4. 血清学检测技术　利用抗原与抗体在体内或体外均能发生特异性结合的特性设计的检测抗原或抗体的一系列检测技术,称之为免疫学检测技术。由于抗体主要存在于血清中,所以抗原与抗体反应又叫血清学反应。利用各种血清学方法对家畜传染病进行诊断的技术即称为血清学检测技术。

血清学反应根据抗原和抗体的性质、反应条件、参与反应的物质性质不同,表现为各种可见或不可见的反应,主要有凝聚性反应(凝集反应、沉淀反应)、标记抗体反应(荧光抗体、酶标记抗体)、补体参与的反应(溶菌反应、溶血反应)和中和试验(病毒中和试验、毒素中和试验)。

血清学检测技术具有特异性强、敏感性高、适应面广、方法简便快速、制样简单等特点,所以在临床上常用于流行病学调查或协助诊断传染病,其中以凝集性反应和标记抗体技术应用最广。下面主要介绍一些猪常用传染病血清学检测技术。

(1)红细胞凝集试验(HA)和红细胞凝集抑制试验(HI) 许多病毒能凝集某些种类动物(如鸡、鹅、豚鼠和人)的红细胞。病毒种类不同,凝集红细胞的类别和程度也不同,这种凝集红细胞的能力又可被特异性抗体所抑制。因此,利用这种现象可以进行红细胞凝集和红细胞凝集抑制试验,借以检查、鉴定病毒和进行抗体含量的滴定。如检测猪流感病毒、猪细小病毒、凝血性脑背髓炎病毒等。

①红细胞凝集试验

材料:生理盐水、抗原、1%鸡红细胞悬液。

操作方法:取清洁干燥的大孔塑料滴定板,于1～9孔分别加入生理盐水0.05毫升,吸取5倍稀释的抗原0.05毫升加入第一孔内,混合后吸出0.05毫升加入第二孔内,如此反复操作,直到第八孔吸出0.05毫升弃去。

此时1～8孔各孔中抗原的稀释度为10～1280倍。第九孔不加抗原作红细胞对照。而后于1～9孔内先加生理盐水0.05毫升,再加1%红细胞悬液0.05毫升,充分振荡,室温下静置感作30分钟,观察结果。

结果判定:血凝强度分别以“++++”、“+++”、“++”、“+”和“-”表示。“++++”表示红细胞凝集沉于孔底,平铺呈网状;“+++”表示红细胞凝集与上面基本相同,但边缘不整齐,红细胞微有下沉倾向;“++”表示红细胞呈圆盘状沉于孔底部,但周围有明显的小凝块;“+”表示红细胞沉于孔底部,呈圆点状,周围稍不整齐;“-”表示红细胞呈圆点状沉于孔底部。

以“＋＋”作为判定的终点，即一个血凝单位。能使红细胞凝集成“＋＋”的最高稀释倍数，为该抗原的红细胞凝集滴度。如某抗原的血凝滴度为1：320，即为一个血凝单位。进行红细胞凝集抑制试验时，需0.05毫升中含4个单位抗原，将抗原稀释1：80即可。

②红细胞凝集抑制试验

材料：红细胞凝集抑制试验是在红细胞凝集试验基础上进行的，所需材料除上述试验所需材料之外，另加被检血清和阳性血清。

操作方法：取清洁干燥的大孔塑料滴定板，于1～8孔分别加入生理盐水0.05毫升。吸取5%稀释的被检血清0.05毫升加入第一孔内，混合后吸取0.05毫升加入第二孔内，如此反复稀释直到第八孔。从第八孔内吸取0.05毫升弃去，此时1～8孔中的被检血清的稀释度为1：10、1：20、1：40、1：80、1：160、1：320、1：640、1：1280，而后于1～8孔内分别加4单位抗原0.05毫升、1%红细胞悬液0.05毫升。同时，作阳性血清、抗原红细胞对照。阳性血清对照孔分别加阳性血清0.05毫升、4单位抗原0.05毫升、1%红细胞悬液0.05毫升；抗原对照孔分别加被检血清0.05毫升、4单位抗原0.05毫升、1%红细胞悬液0.05毫升。上述操作完成后，充分振荡，置于20℃～22℃条件下感作30分钟后判定结果。

结果判定：红细胞呈圆盘状沉于孔底，边缘光滑整齐，说明红细胞凝集抑制为阳性；红细胞凝集并呈齿状沉于孔底，判为阴性。通常被检血清对抗原凝集红细胞的抑制效价在1：20以下为阴性反应，在1：40以上者为疑似，1：80以上为阳性。

（2）凝集反应　用已知抗原与含有相应抗体的血清混合，在电解质溶液的参与下，抗原、抗体结合，凝集成团块，这种反应叫凝集反应。

①平板凝集反应　取免疫血清和待检的细菌悬液各1滴，或取已知的诊断液（抗原）和待检血清（抗体）各1滴，放在玻板或玻片上混合，轻轻摇动玻板，阳性者数分钟后出现颗粒状或絮状凝集。此法简单快速，但只能定性，不能定量。常用于猪布鲁氏菌病、猪霍乱沙门氏菌病的检疫。

②试管凝集反应　用已知抗原检查待检血清中的相应抗体及其含量。试验可在小试管或有孔塑料板上进行。一般将待检血清用生理盐水做2倍递进稀释。第一管通常从1∶5或1∶10开始，可根据要求而定。如从1∶5开始稀释，则第一管加生理盐水0.8毫升，然后加待检血清0.2毫升，吹吸3次混合后，吸0.5毫升于第二管，依此类稀释至倒数第二管，混合后弃去0.5毫升。最后一管不加血清作为对照。最后于各管中加入等量的抗原悬液，振荡混合，置于37℃水浴箱作用4小时，取出后在室温下放置过夜，观察结果。

如果管内上层液体澄清，管底出现凝集块或凝集颗粒者为阳性；试管内液体不凝集仍为均匀混悬的，则为阴性。

根据凝集程度判定为："＋＋＋＋"（100％凝集）、"＋＋＋"（75％凝集），"＋＋"（50％凝集）、"＋"（25％凝集）和"－"（不凝集）。临床上常以"＋＋"以上凝集血清的最大稀释度为该血清凝集价。

③间接红细胞凝集反应　将可溶性抗原（如细菌裂解物、浸出液、病毒抗原）或抗体吸附（称之为致敏）于比其体积大千万倍的红细胞表面，此致敏的红细胞与相应的抗体或抗原结合，即可产生肉眼可见的凝集反应。若用抗原致敏红细胞，用以检测抗体者，称为间接血凝试验（IHA或PHA）；若用抗体吸附于红细胞表面用于检测抗原者则称为反向间接血凝试验（RIHA或RPHA）。该技术是最敏感性的血清学反应方法之一，可以检测到微量的抗体和抗原。本法具有以下优点：一是敏感性强；二是快速，一般1～2小

时即可判定结果，若在玻板上进行，则只需几分钟；三是特异性强；四是使用方便、简单，现已有多种商品化试剂盒可用于猪瘟、口蹄疫、细小病毒病、衣原体病等的抗体检测。

具体操作方法是：将 96 孔 V 形反应板横排，用微量移液管向每孔中加入样品稀释液 25 微升。在各排第一孔中加入样品（间接血凝试验检测的是抗体样品，反向间接血凝试验检测的是抗原样品）25 微升，然后以相同倍数比连续稀释至倒数第二孔，最后一孔留作致敏红细胞对照。每孔加入 1%致敏红细胞悬液 25 微升，混匀后，置于 37℃湿盒中或湿温条件下静置 1～2 小时，观察结果。判定标准与红细胞凝集和抑制试验一致。

为证实血凝结果的特异性，阳性标本应做中和抑制试验。方法是按上述操作步骤将待检样品稀释 2 排，第一排为测定排，第二排为抑制排，在检样稀释完毕后，测定排每孔补加样品稀释液 25 微升，而抑制排每孔中加 25 微升用稀释液稀释至最适浓度（预试选定）的标准抗原或抗体，37℃孵育 30～60 分钟后再加致敏红细胞。判定结果时，凡两排结果相同者判为假阳性；中和抑制凝集价低于测定排 2 个稀释孔时判为真阳性。

④乳胶凝集试验　是用直径为 0.8 毫米的聚苯乙烯乳胶来代替红细胞的一种间接凝集试验。先将抗原吸附在乳胶上，以检测相应抗体。该法有玻片法与试管法，简便易行，适于现场快速诊断与初筛，但敏感性较差。常用于猪伪狂犬病、猪细小病毒病、猪流行性乙型脑炎等的抗体检测。

(3)琼脂扩散试验　琼脂在高温时能溶于水，冷却后凝胶的孔径约 85 纳米，能允许各种抗原、抗体在琼脂凝胶中自由扩散。抗原、抗体在琼脂凝胶中扩散，由近及远形成浓度梯度，当两者在比例适当处相遇时会发生沉淀反应，反应所形成的颗粒较大，在凝胶中不能再扩散，从而形成肉眼可见的物质沉淀线。这种反应称为琼脂免疫扩散试验。

其操作方法是:先将制备好的1%琼脂倒入平皿中,待凝固后用特制的打孔器在琼脂平板上打成7孔型,即中央1孔,周围6孔。然后将抗原滴入中央孔内,将被检血清和阳性血清滴入周围孔内,放入37℃恒温箱内,24小时后观察结果。如果发生抗原-抗体反应,则在抗原孔与被检血清孔之间出现一条肉眼可见的沉淀线,即为阳性结果。

(4)免疫荧光试验　荧光色素(常用异硫氰酸荧光素)与抗体分子结合后,并不影响抗体蛋白质分子的免疫活性。当标本(或切片)中存在相应抗原时,抗原可与荧光抗体特异性结合,形成抗原-抗体-荧光素复合物,用缓冲液清洗时不会洗脱,在荧光显微镜下检查时可见到荧光,从而鉴定抗原或抗体的存在、定位和分布情况。猪瘟、传染性胃肠炎、流行性腹泻、蓝耳病等都可采用此方法检测病原。

①直接法　将标记的特异性荧光抗体,加在抗原标本上,经一定温度和时间的染色,用水洗去参加反应的多余荧光抗体,室温干燥后封片、镜检。具体操作方法如下:用疑似病尸的脏器(肝、脾、淋巴结等)触片,自然干燥,火焰固定。将标记特异性荧光抗体诊断液(用杜氏磷酸盐缓冲液稀释至工作效价)滴加于待检标本上,并使之布满整个标本。将玻片置于湿盒中,放入37℃恒温箱作用30分钟。取出玻片,用pH值7.2的杜氏磷酸盐缓冲液冲去多余荧光抗体,将玻片在杜氏磷酸盐缓冲液中漂洗15分钟,中间换液1次,再以蒸馏水冲洗。玻片自然干燥后,在荧光显微镜下用高倍镜观察。

②间接法　如检查未知抗原,先用已知的特异性抗体(第一抗体)与抗原标本进行反应,用水洗去未反应的抗体,再用标记的抗体(第二抗体)与抗原标本反应,使之形成抗原-抗体复合物,再用水洗去未反应的标记抗体,干燥、封片后镜检。如检查未知抗体,则抗原标本为已知的,待检血清为第一抗体,其他步骤和抗原检查

相同。

(5)免疫酶技术　免疫酶技术与荧光抗体技术一样，也是利用抗原、抗体的免疫学反应，以酶作为标记物，通过化学方法将其与抗体(或抗原)结合起来，形成酶标记的免疫复合物。结合在免疫复合物上的酶，遇到相应的底物时，则催化无色的底物使其水解、氧化或还原，生成可溶性或不溶性的有色产物。有色产物的出现，客观地反映了酶的存在，并根据有色产物的浓度，从而间接推出抗原或抗体的存在及其数量，达到定性或定量测定的目的。方法很多，下面以间接法酶联免疫吸附试验(ELISA)为例，说明免疫酶技术的操作及应用。

①抗原包被　抗原(从有关单位购买)用pH值9.6的碳酸盐缓冲液做适当稀释后包被，每孔加200微升，放置于湿盒中4℃过夜。

②洗涤　翌日甩干，用洗涤液洗涤3次，每次3分钟。每次洗涤时，先将上次洗液甩干。

③加被检血清　被检血清1∶80倍稀释，每份样品做2孔，每孔加100微升，同时加入1∶80稀释的阳性血清和1∶80稀释的阴性血清各2孔作对照，置于湿盒中在37℃恒温箱中作用30分钟。

④洗涤　同前面的步骤。每孔加100微升放入湿盒中，置于37℃恒温箱作用30分钟。

⑤终止反应　每孔加上2摩/升硫酸溶液(终止液)各1滴。

⑥比色　肉眼或用酶标分光光度计比色。

⑦结果判定　肉眼观察液体呈黄色或棕褐色者为阳性反应，无色者为阴性反应；用分光光度计比色，凡被检血清OD值高于标准阴性血清平均OD值2倍以上者为阳性反应，否则为阴性反应。

(6)胶体金试纸条　胶体金试纸是建立在单克隆抗体的基础上，采用免疫原理和胶体金免疫层析技术制成，用于快速检测猪血液或血清中的抗体水平高低，具有简便、准确、快速和容易判定等特点。样品不必预处理，只需要按照产品说明进行简单的操作，不需要任何仪器设备，肉眼直接观察和判断检测结果，检测 1 个样品只需 15～20 分钟，适用于对种猪和商品猪疫病检疫和猪场主要疫病抗体水平监测。目前市场上已经有猪瘟病毒、猪蓝耳病病毒、猪伪狂犬病毒、猪口蹄疫病毒、猪圆环病毒等抗体免疫金标快速检测卡出售。

第二节　仔猪疾病的治疗技术

由于仔猪特殊的生理特点，各系统之间并未发育完全，抗病能力比较弱，在合理的饲养管理下也难免会发生疾病，所以笔者仅从仔猪疾病治疗原则及如何合理使用抗菌药物进行概述。

一、仔猪疾病的治疗原则

(一)对因治疗　根据仔猪临床诊断技术以及实验室诊断技术对患病仔猪疾病病原进行初步了解，对相应的病原微生物进行诊治。

1. 细菌性病原微生物　合理运用抗菌药，可以从患病仔猪的分泌物中提取致病微生物，分离提纯并进行药敏试验，以达到有效的治疗效果。

2. 病毒性病原微生物　目前对病毒性疾病没有很好的治疗药物，大多采取紧急接种疫苗，以防止疫情进一步扩大。对那些已经患病的仔猪不能治愈的应当淘汰，以免其作为疫源传播病毒，对那些有治疗意义的患病仔猪也可运用广谱抗菌药物防止细菌的继发感染，同时加强饲养管理以进行治疗。

3. 寄生虫性病原微生物　对那些诊断为寄生虫病的猪以及其所在猪群进行驱虫，驱虫药的选择要根据感染寄生虫的类别进行选择，一般选择广谱的抗寄生虫药物，驱线虫药有左旋咪唑、甲苯唑、敌百虫等；抗吸虫药有硝硫氰胺和硫双二氯酚；驱囊虫药有吡喹酮；抗弓形虫病有乙胺嘧啶和磺胺类药物等。粉剂和片剂适用于清除消化道寄生虫，针剂则适用于清除寄生于呼吸系统和肝、肾等器官的虫体，乳剂用于防治蜱、螨等体外寄生虫较恰当。目前，新型驱虫药帝诺玢既能驱除线虫、吸虫、绦虫和棘头虫等体内寄生虫，又能有效杀灭疥螨等皮肤内寄生虫，对线虫的作用更大。

(二)对症治疗 对那些症状比较严重的患病仔猪，我们在临床实践中一般还会采用对症治疗，以缓解其疾病过程，让病猪机体得以继续维持。例如，对那些腹泻严重的仔猪一般采用补液的方法让仔猪的体液得到一定程度的恢复，用世界卫生组织(WHO)推荐的口服补液盐配方(氯化钠 3.5 克，氯化钾 1.5 克，碳酸氢钠 2.5 克，葡萄糖粉 20 克，常水 1 000 毫升)，将溶化好的药液倾入清洁的水槽内，让猪饮用。对那些呼吸困难的猪一般采用改善其呼吸道状况及心肺功能来达到对症治疗目的，高热不退时采用退热药对其治疗。

二、抗菌药物的合理使用

(一)抗菌药物在断奶仔猪中的正确应用 实行早期断奶的仔猪由于应激的影响普遍产生生理功能紊乱现象，这对仔猪饲料提出了较高的要求，仔猪饲料必须能有效地增强仔猪对疾病的抵抗力和促进仔猪健康生长，在饲料中添加抗菌药物是一个有效、直接、经济的方法，因此科学地应用抗菌药物是提高仔猪饲料质量的一个重要措施。

(二)抗菌药物在断奶仔猪疾病治疗中的作用

1. 有效地降低仔猪患病机会，减少死亡率 抗菌药物主要是指抗生素和合成抗菌药物。抗菌药物能干扰病原微生物的细胞壁合成，损伤菌体的细胞膜，影响菌体的蛋白质合成及影响核酸合成，从而能有效地抑制和杀灭病原微生物。断奶仔猪对病原微生物的抵抗力差，抗菌药物能有效地抑制和杀灭进入仔猪消化道中的病原微生物，增强仔猪的抵抗力，降低仔猪患病机会，并减少因病原微生物感染而导致仔猪死亡。试验表明，使用抗菌药物，能降低仔猪腹泻率50%以上，减少死亡率10%～30%。

2. 促进生长发育，提高饲料利用率 抗菌药物除能有效地抑制和杀灭病原微生物外，还能促进脑下垂体分泌激素，促进机体发育，对仔猪的免疫系统有一定的激活作用，从而促进仔猪健康地生长发育。抗菌药物还能使仔猪肠壁变薄，有利于营养物质的吸收，同时能促进仔猪的食欲，增加采食，延长饲料在消化道中的消化和吸收时间，从而有效地提高饲料利用率。汪明等于1997年报道，在仔猪饲料中添加100毫克/千克泰乐菌素，试验组比对照组日增重增加34.4%，饲料增重比降低12.7%。

(三)合理选用适宜仔猪使用的抗菌药物饲料添加剂

1. 选用稳定、高效的药物 由于仔猪饲料一般要求较高的调制温度，因此选用的药物应是化学成分稳定、不易分解且对病原微生物的作用敏感、高效。选用的药物应符合国家有关的使用规定，不能选用未经批准使用的药物。

2. 选用抗菌谱广的药物 导致仔猪腹泻的病原微生物主要有大肠杆菌、密螺旋体、细小病毒和轮状病毒等。每种抗菌药物都有一定的抗菌谱，抗菌谱越广就对越多的病原微生物敏感和有效。断奶仔猪由于其免疫系统不健全，免疫力较低，因而自身对多种病原微生物都缺乏抵抗力，而周围环境和饲料中多种病原微生物都可能同时存在，因此选用抗菌谱广的药物，其抗菌范围较广，更能有效地保障仔猪健康生长发育。如能了解当地疫情，也可选用对本地病原微生物高度敏感的抗菌药物，一般情况下还是选用广谱抗菌药物或联用以增大抗菌谱为好。一些仔猪常用药物的抗菌谱见表 4-1。

表 4-1 仔猪常用抗菌药物的抗菌谱

抗菌药物	革兰氏阳性菌	革兰氏阴性菌	衣原体	支原体	密螺旋体	钩端螺旋体
土霉素	强	强	强	—	—	弱
安来霉素	强	—	—	—	—	—
硫酸抗敌素	—	强	—	—	—	—
泰乐菌素	强	弱	强	强	强	—
维吉尼亚霉素	强	弱	—	—	强	—
利高霉素	强	强		弱	强	弱
泰妙菌素	强		—	强	强	弱
喹乙醇	强	强	—		弱	—
卡巴多	—	强	—	—	强	—
磺胺类药物	强	弱	强	—	强	—
阿散酸	强	强	—	—	—	—

3. 根据饲养环境选用 抗菌药物对仔猪的作用效果与饲养环境和条件有密切关系。一般饲养环境差的场所比饲养环境好的场所作用效果显著。另一方面病原微生物可能对经常性使用的抗菌药物(如喹乙醇)产生耐药性,因而影响其作用效果。因此,在饲养环境较差的场所,应选用有较广抗菌谱和较强抗菌力的新药物(如利高霉素等),才可能产生较好的作用效果。而饲养环境好的场所,病原微生物的种类和数量都较少,也较少有耐药菌株存在,因而选用常规药物(如喹乙醇、土霉素等)就能产生较好的作用效果,没必要选用昂贵的进口药物。

(四)正确使用抗菌药物

1. 剂量要足,持续使用 每种抗菌药物对病原微生物都有一定的最低抑菌浓度,只有在这个浓度以上才能有效地抑制和杀灭病原微生物,如低于这个浓度,不但不能抑制和杀灭病原微生物,还容易引发病原微生物产生耐药性。因此,在仔猪饲料中,添加药物浓度一定要在最低抑菌浓度以上,并且要持续使用,不能间断,才能起到较好的抗菌作用。当然药物浓度也不是越高越好,超过一定限度可能使仔猪产生中毒以至死亡。仔猪饲料中常用抗菌药物的用量见表 4-2。

表 4-2 仔猪饲料中常用抗菌药物的用量 (克/吨)

抗菌药物	最低添加量	最高添加量
土霉素	50	150
安来霉素	4	20
硫酸抗敌素	4	40
泰乐菌素	30	110
维吉尼亚霉素	25	100
林可霉素	20	100
泰妙菌素	10	35
喹乙醇	30	100
卡巴多	30	60
磺胺二甲嘧啶	100	300
阿散酸	50	200

2. 适当配伍,联合使用 每种抗菌药物的抗菌谱和抗菌力都

是一定的，适当配伍抗菌药物，能扩大抗菌范围，增强抗菌力，并能有效地防止病原微生物产生耐药性。仔猪对各种病原微生物的抵抗力较弱，因此一般在仔猪饲料中提倡联合使用抗菌药物，以增强抗菌效果。但抗菌药物相互之间有相加、协同、无关和拮抗4种作用，在配伍药物时，一定要选择相互之间有相加或协同作用的药物，不能选择有无关或拮抗作用的，否则只能适得其反。仔猪饲料中一些抗菌药物的配伍组合如下：青霉素与链霉素可合用，土霉素与氯霉素可合用，土霉素或泰妙菌素与阿散酸可合用，金霉素与磺胺二甲嘧啶可合用，泰乐菌素或泰妙菌素与磺胺二甲嘧啶可合用，安来霉素或杆菌肽锌与硫酸黏杆菌素可合用，林可霉素与壮观霉素可合用，其他抗生素注射液应单独使用。粉剂可有选择地合用（拌入饲料中喂给），抗菌增效剂可有选择地与抗生素联合使用，抗生素可有选择地与磺胺类药物及抗菌增效剂联合使用，各种注射液应分别注射于猪体不同部位。青霉素可用注射用水、氨基比林稀释，不能与氧化剂、酸性或碱性液合用。链霉素可用注射用水、痢菌净溶液稀释，不能与生理盐水、磺胺钠盐、安钠咖、安乃近、氨基比林、氧化剂和还原剂合用，除青霉素、痢菌净外，也不得与其他注射液合用。青霉素、链霉素合用时只能用注射用水稀释，不能用安乃近、氨基比林稀释使用，否则易在注射部位形成肿大的硬块。青霉素与氯霉素不得合用，土霉素与链霉素不得合用，若合用则产生拮抗作用。盐酸四环素、盐酸金霉素注射液，不得与磺胺钠盐注射液和氨基比林合用或联合使用。安钠咖注射液不能与磺胺类药物注射液合用。硫酸镁的粉剂及注射液不能与碳酸氢钠（小苏打）、水杨酸钠和磷酸盐合用。盐酸普鲁卡因、盐酸肾上腺素不能与磺胺类药物联合使用。碳酸氢钠不能与酸类、钙盐、次硝酸铋、氯化铵同时使用。敌百虫不能与碱性药物或碱类混合使用。

3. 轮番换药，穿梭使用　长期单一使用一种抗菌药物，容易使微生物产生耐药菌株，减弱或使抗菌药物失去抗菌能力。为提高抗菌药物的作用效果，应在仔猪饲料中轮番和穿梭使用抗菌药物。轮番使用的药物应不是同属药物，相互之间也没有交叉耐药性，才能产生较好的效果。

4. 提高效果，综合使用 抗菌药物与高浓度的铜(125～250毫克/千克)以及有机酸合用都有协同作用，能综合提高抗菌效果，促进仔猪健康发育，提高饲料利用率。因此，在使用抗菌药物的同时，应综合考虑与其他添加剂合用，以最大限度发挥药物添加剂的作用。

5. 稀释预混，均匀使用 抗菌药物的用量一般是每吨饲料添加几克至几十克，因此在使用过程中一定要稀释均匀。使用抗菌药物最好选用商品化的预混剂，如用原药应先稀释预混后再添加，还应经常检查混合机的性能，以确保较好的混合均匀度。一些饲料厂出现质量事故，相当一部分原因就是由于混合不均匀而使部分饲料的药物含量过高而发生药物中毒事件。

6. 选择合适的药量、疗程与给药途径 治疗开始时用药剂量宜大，以后再根据猪的病情酌减。疗程依病的类型而定，急性者为3～4天，慢性者为5～8天。哺乳母猪患病，主要通过口服给药；妊娠后期母猪，以口服为主，不得已时再采取肌内注射的给药方法。

7. 严禁滥用抗菌药物 滥用抗菌药物对病猪无益，且易造成危害。病毒性感染一般不宜采用抗菌药物，即便在某种情况下使用抗菌药物控制感染，在病毒性感染加剧时，仍对病猪有害。对发病原因不明、病情不严重的病猪，也不要轻易使用抗菌药物，把抗菌药物当退热药使用的做法是错误的。另外，有些人在猪体温升高、病情较轻时，就用氨基比林稀释抗菌药物肌内注射，这样做会降低猪体抵抗力，还会影响哺乳母猪乳汁分泌。凡属可用和可不用抗菌药物的都应尽量不用；可用窄谱抗菌药物的不用广谱抗菌药物；1种抗菌药物就能奏效的不必使用多种抗菌药物，这样做可以减少或避免细菌耐药性的产生。若细菌已对青霉素产生耐药性,可再使用红霉素,不必将青霉素与红霉素合用。青霉素、链霉素也不应与庆大霉素合用。对猪瘟、伪狂犬病、口蹄疫、流行性乙型脑炎等病毒性疾病,现在还无西药可治,应按免疫程序做好免疫,防止这些疾病的发生。

8. 购买正规厂家生产的抗菌药物 《兽药管理条例》规定兽药必须注明主要成分和含量,然而违反此条例的兽药并不少见,甚至对其作用夸大其辞。购买抗菌药物时首先要对其首要的作用有正确客观的评价与认识,切勿轻信产品说明书的胡吹猛夸。若药物没有注明药物成分,如果发生过敏反应或中毒时,抢救和治疗将无章可寻,束手无策。兽医治病时,往往需标本兼治,联合用药,不知药物成分而仅根据其宣传作用来结合用药,有可能因相同的成分而使剂量偏大,甚至出现中毒,而且也不知是否存在协同作用或拮抗作用。因此,选用抗菌药物时,千万要慎重,一定要选用知名厂家生产的、详细标明药物成分和含量的药物。

第五章 影响断奶仔猪成活率相关疾病的预防与控制

第一节 呼吸道疾病

猪呼吸道疾病一般称为猪呼吸道疾病综合征(PRDC),是一种多因素引起的呼吸道疾病的总称,它是由病毒、细菌、环境应激和猪体免疫力低下相互作用造成的。本类疾病涉及几种引起呼吸道疾病的病原体,包括原发性感染疾病和继发性感染疾病。

原发性感染疾病包括由猪繁殖与呼吸综合征病毒(PRRSV)、猪伪狂犬病病毒(PRV)、猪流感病毒(SIV)、猪呼吸道冠状病毒(PRCV)所致的病毒性疾病;细菌性疾病,如猪气喘病、传染性胸膜肺炎和传染性萎缩性鼻炎。继发性感染疾病包括猪肺疫、猪链球菌病、猪副伤寒、副猪嗜血杆菌病等。如果在一个猪场中,发生和流行上述原发性感染疾病,同时又合并发生或继发感染,即会加重发病猪群的临床症状,造成极高的死亡率。除此而外,还有一些其他因素如猪群密度过大,不同日龄猪的混群饲养,不同来源的猪只饲养在一起,不良的饲养方式,不同季节温度的剧变和猪舍温度变化过大,加之猪群因营养和疾病造成免疫力和抵抗力低下等,都可引起猪场或猪群呼吸道疾病综合征的暴发和流行。

一、临床症状

本病多发于6～10周龄保育猪和13～20周龄的生长肥育猪。

发病率在25%～60%，死亡率为20%～90%，猪龄越小死亡率越高。病猪表现精神沉郁，采食量下降或无食欲，眼睛分泌物增多，出现结膜炎症状。急性发病病例体温升高，可发生突然死亡。大部分猪由急性变为慢性或在保育舍形成地方性流行，病猪生长缓慢、消瘦、死亡率、僵猪比例升高。哺乳仔猪以呼吸困难和神经症状为主，死亡率较高；如饲养管理条件较差，猪群密度过大或出现混合感染，发病率和临床表现更为严重。病猪在药物的辅助下可逐渐康复，死亡率较低。上述临床症状在不同猪场表现的程度有所不同，但所有病猪均出现不同程度的肺炎。6～10周龄的保育猪剖检可见弥漫性间质性肺炎以及淋巴结的广泛肿大，肺脏有出血、硬变和花斑样病变，个别肺有化脓灶，病猪肺部有不同程度的混合感染，有些病猪有广泛性多发性浆膜炎（胸腔、腹腔内有很多纤维蛋白渗出，并造成粘连），有些肺部病变与猪支原体肺炎病变相类似。除肺部出现病变外，少部分病猪可见肝脏肿大、出血，淋巴结、肾脏、膀胱、喉头有出血点，部分猪出现末端紫色。1～3周龄发病的哺乳仔猪剖检可见心脏、肝脏、肺脏有出血性病变。在我国猪群中，与呼吸道疾病综合征相关的疾病主要有猪蓝耳病、猪气喘病、猪伪狂犬病、猪流感、猪传染性胸膜肺炎和猪传染性萎缩性鼻炎。如果在猪场存在这些疾病，经常会继发猪肺疫、猪副伤寒、猪附红细胞体病。在所有原发性病原中，猪繁殖与呼吸综合征病毒和猪肺炎支原体是两种与呼吸道疾病综合征相关的最常见的病原体，它们可以改变呼吸道免疫系统对它们以及其他病原体的反应能力，降低猪只的黏膜免疫抵抗力，从而增加猪群对其他相关的许多病原体的易感性。

二、防控措施

（一）坚持自繁自养，严格执行全进全出和隔离消毒制度　规模养猪场应坚持自繁自养原则，确需引进种猪时，应从无呼吸道疾病病史的种猪场引进。引进后隔离饲养3个月，经检疫证明健康无病的方可混群饲养。同时，坚持全进全出饲养模式，每批猪转出或上市后，猪舍必须经彻底清洗消毒和空置1周左右后，方可再进下批猪。平时加强预防消毒，选择2～3种消毒药定期对猪舍及其周围环境轮换消毒和带猪消毒。猪场出入口处设立消毒池，猪舍门前设脚踏消毒槽，消毒液按规定配制并定期更换，人员和车辆进出时必须消毒。饲养管理人员进入猪舍要更衣换鞋，严禁外来人员随意进入猪舍，尤其是母猪舍和仔猪保育舍，以防带入病原。实践证明，坚持自繁自养和执行全进全出与隔离消毒制度是切断传染病流行环节，预防和控制猪呼吸道疾病最简单、最有效的措施之一。

（二）加强饲养管理，搞好猪舍和周围环境清洁卫生 按照猪的不同品种、用途和各个生产阶段提供全价日粮。饲料要新鲜、适口性好，严禁使用发霉变质或受到污染的饲料，并全天候供给充足清洁的饮水。经常观察猪群健康状态，如发现有呼吸道症状的病猪或可疑病猪，应立即隔离治疗。对治疗效果不佳的病猪或僵猪进行淘汰。病死猪及其排泄物应及时进行无害化处理。坚持每天清除粪便，清扫猪舍、周围环境及水沟。每周应清理消毒环境1次，并喷洒杀虫剂以消灭蚊、蝇等吸血昆虫。同时，注意天气变化，做好防寒保暖和防暑降温工作，并要注意猪舍的空气流通，保持舍内空气清新，降低尘埃和有害气体浓度，尤其是分娩舍和保育舍要做到小环境保温、大环境通风。此外，要保持合理的饲养密度，确保每头猪有适宜的活动和休息空间。尽量减少猪群转栏和混群应激，使猪群在一个温暖、舒适、安静、干燥、卫生、清洁的环境中生活。实践证明，良好的饲养管理和卫生条件是消除各种应激原，增强猪只体质，提高猪群抗病力的重要措施。

（三）开展疫病监测，强化免疫接种 规模猪场坚持每年对种猪群进行1次血清学检查,发现阳性种猪及时淘汰。对个别饲养价值较高的母猪可施以药物控制,确实无症状者进行配种并隔离饲养,所产仔猪早期断奶并施以药物预防,防止发生早期感染。同时,根据疫病监测情况和当地疫情,制订免疫计划,搞好免疫接种,提高猪群特异性免疫力。在免疫工作中,首先要做好种猪及后备猪的免疫接种工作,在搞好一般疫病免疫的同时重点做好猪瘟、猪繁殖与呼吸综合征、猪伪狂犬病、猪肺疫、猪传染性胸膜肺炎和猪气喘病的免疫注射。通过开展疫病监测和实施计划免疫,逐步消灭传染源、净化猪群,建立健康猪场。

(四)药物预防　定期在饲料中添加预防量的抗菌药物,在天气骤变时尤为重要。对于有呼吸道疾病病史的猪场,母猪从产前2周至仔猪断奶,仔猪从补料起至断奶后10天,每天在饲料中添加适量抗生素,如泰乐菌素,或在饮水中添加恩诺沙星。肥育猪每吨饲料中也可添加一些抗生素预防疾病,但要注意屠宰前的停药期。同时,为了预防蛔虫和肺丝虫,应定期驱虫。可选用阿维菌素,每千克饲料加入3～4毫克,让猪自由采食,连用3天。实行间歇性的预防用药和定期驱虫,不但可以防止母猪身上的病原体传染给仔猪,还可以防止猪只之间的水平传播。

第二节　消化道疾病

猪肠道疾病种类繁多、病因复杂,常常给养殖生产造成巨大的经济损失。消化道疾病的种类、发病原因及防治方法如下。

一、疾病种类

(一)猪肠道病毒感染　猪肠道病毒有6种不同的血清型。获得感染的方式通常为:小猪断奶后不久,母源抗体消失时感染,或几窝小猪混在一起时感染。不同的临床症状与不同的血清型有关。可表现为脑脊髓灰质炎、生殖紊乱、腹泻、肺炎和心周炎、心肌炎等，严重感染的小猪可表现为灶性心肌坏死。

（二）轮状病毒感染 本病多发于8周龄以内的仔猪，死亡率较高，可达50%，病猪精神沉郁、不愿走动，常于食后呕吐，排水样或糊状黄白色或灰褐色粪便，常因脱水而在3～7天内死亡。

（三）肠腺瘤复合症 又叫猪增生性肠炎，多见于3～8日龄猪。根据病变特征可分为肠腺瘤病、坏死性回肠炎、局部回肠炎和增生性出血性肠炎4个类型。病猪精神不振，食欲减退，严重腹泻，体重减轻，被毛粗乱和贫血。如果病程延长，将会排出黑色柏油样粪便，以后逐渐变淡；有些猪不表现粪便异常，但可视黏膜苍白。

（四）耶尔森氏菌病 以夏季和冬季多发，呈散发性，病猪食欲减退或废绝，水样腹泻，粪便中常混有黏液和脱落的肠黏膜。后期体温下降，皮肤发绀、消瘦、脱水。剖检可见结肠和直肠孤立淋巴滤泡肿大，向浆膜层或黏膜层突出。小结肠和直肠黏膜有溃疡灶。

（五）猪流行性腹泻 主要发生在冬末春初的寒冷季节，病初体温正常或稍微升高，精神沉郁，食欲降低，排水样、灰黄色或灰色粪便，日龄较大的猪症状较轻。日龄较小的猪食后易呕吐，排粥状或水样稀便，剖检小肠肠管胀满，充满黄色内容物，肠壁变薄，肠系膜呈树枝状充血。

（六）猪传染性胃肠炎 各龄猪均易感，以2周龄以下仔猪多发，且具有较高死亡率。仔猪哺乳后常出现呕吐，不久出现剧烈腹泻，排水样黄色或灰白色粪便。断奶以后的猪症状轻微，仅表现减食、腹泻，个别猪食后呕吐，但死亡率较低。

（七）猪大肠杆菌病 主要包括仔猪黄痢、白痢和仔猪水肿病。黄痢可发生于出生数日内的仔猪，病猪排黄色或黄白色稀便；白痢多发于10～30日龄以内的仔猪，病猪粪便呈乳白色、淡黄绿色或灰白色，常混有黏液而呈糊状，其中含有气泡；仔猪水肿病多见于生长发育旺盛的断奶仔猪，病猪眼睑水肿，共济失调，后期出现神经症状。

（八）猪密螺旋体病　又叫猪痢疾，以7～12周龄的幼猪多发。病猪初期体温可达40℃～41℃，排黄色或灰色软便，后期粪便呈水样，常混有血液、黏液及黏膜，使粪便呈油脂样或胶冻状。病猪拱背吊腹，迅速消瘦，食欲减退，渴欲增加，后期因营养不良和脱水死亡。

（九）猪梭菌性肠炎　主要发生在1～3日龄的初生仔猪，病猪排血便，有些猪粪便呈灰黄色。慢性病例呈间歇性或持续性腹泻。

二、病　因

造成猪肠道疾病的原因主要有以下几个方面：一是饲养管理不当。如在开放或半开放性猪舍饲养的猪只，夏季环境温度较高，冬季环境温度则太低，过热过冷的环境温度容易使猪产生应激，扰乱了机体的正常代谢，造成肠道疾病的发生。在密闭猪舍，往往由于通风不良，造成有害气体严重超标，如果湿度较高，更有利于致病性病原微生物繁殖，为肠道疾病的发生创造了条件。同时，如饲养管理过程中突然更换饲料、改变饲喂习惯等，均易造成肠道疾病发生。二是饲料品质不良。如饲喂了霉烂变质的饲料、冰冻饲料及未经煮熟的豆类制品等。三是细菌、病毒侵袭。由于以上各因素的存在，扰乱了猪只胃肠道正常的消化功能，各种致病性病原微生物乘虚而入，使胃肠道发生程度不同的病理变化，影响了饲料的消化和吸收，使大肠对水分的吸收作用明显降低，造成腹泻。腹泻又使体内水分、电解质、氯化物等丧失，造成机体脱水。伴随着脱水、失盐而发生酸中毒，使体内血液浓缩，外周循环阻力增大，心脏负担加重。同时，由于肠黏膜的脱落和坏死，使机体的屏障功能丧失，细菌和毒素大量进入血液，使机体发热，引起中毒，严重时造成猪只死亡。

三、防控措施

按照防重于治的方针，生产中应着重搞好预防工作。猪发病后，首先应查明病因，然后进行治疗。在具体做法上，一是要加强饲养管理。改变饲料品种要循序渐进，逐步进行；冬季注意保温防寒，夏季注意防暑降温；饲喂要定时、定量、定温、定质，严禁饲喂发霉变质、毒素含量高及冰冻饲料。二是要严防细菌和病毒的侵袭。搞好环境卫生，定期对环境、用具等进行消毒；定期在饲料中加入抗生素，尽量减少细菌、病毒的侵袭机会。三是猪只患病后，应及时补充体液。可用口服补液盐 2.75 克对 100 毫升水，按每千克体重 50 毫ㄦ饮用。四是调整胃肠功能。可在饲料中添加 0.1%～0.2%复合酶和适量食醋。五是使用抗生素，防止炎症发展。由于病因复杂，在选用抗生素时，最好做药敏试验，根据药敏试验结果选定药物品种。同时，要针对猪龄状况和发病特点，注意实施强心补液、止泻等对症治疗措施。

第三节 僵 猪

在养殖生猪的过程中，有很多养猪户反映饲养的生猪每一窝里都有 1～2 只僵猪，俗称“小老猪”。它们被毛蓬乱、无光泽，生长发育缓慢，严重影响仔猪的整齐度和均匀度，进而影响整个猪群的出栏率和经济效益。

一、病　因

第一，种猪品种退化，配种年龄过大、配种过早或近亲繁殖，造成仔猪先天不足，体重小，生活力差，生长迟缓，一窝中最小者易形成僵猪；或者妊娠母猪饲养管理不当，营养缺乏，母体内的营养供给不能满足胎儿生长发育的需要，使胎儿生长发育受阻，造成先天不足，形成僵胎。

第二，泌乳母猪的饲养管理欠佳，或母猪患有某种疾病，使母猪获得的营养不能满足大量分泌乳汁的需要，造成母猪产后无奶、缺奶，仔猪吃不到奶或吃不饱，生长发育受阻形成僵猪。

第三，仔猪多次或反复患病，如患仔猪白痢、气喘病、慢性肠炎、贫血等或体内外有寄生虫，使仔猪营养消耗加大，影响生长发育而形成"病僵"。

第四，仔猪开食晚，仔猪料质量低劣或饲喂不足，使仔猪生长发育缓慢；或因断奶、分群、去势时应激过大；断奶后分群不合理，造成大欺小、强欺弱；断奶过早，冬季猪舍防寒保暖措施不到位等，都可能形成僵猪。

二、防控措施

（一）杜绝近亲交配，防止过早初配　凡是3代以内有血缘关系的公、母猪不能交配，选用优良壮年公、母猪，淘汰年龄大的公、母猪。避免后备母猪早期配种，一般配种年龄在8～9月龄，体重在80～90千克为宜。

（二）加强母猪妊娠期和泌乳期的饲养管理　给妊娠期和泌乳期母猪饲喂蛋白质、维生素和矿物质等营养全面的日粮，保证仔猪生长发育的营养需要，使仔猪在胚胎阶段先天发育良好，初生重不低于 1 千克，出生后能吃到充足的乳汁，保证仔猪在哺乳期生长迅速，发育良好。

母猪产后不吃食要及时用抗生素治疗，严重的要补液。无乳母猪每天饲喂催奶片或妈妈多 10 片，连用 2～3 天；体弱母猪用催奶精 60 克喂服，每天 2 次；严重缺乳母猪可用虾米 250 克、红糖 100 克、王不留行 30 克、穿山甲 30 克煎水灌服，每天 1 次，连用 3～5 天。及时治疗患有乳房炎的母猪，产仔多的母猪可将部分仔猪给同期产仔少的母猪代为哺乳。

（三）帮助仔猪固定好乳头 将弱仔猪固定在前面的乳头上，使同窝仔猪断奶体重差异不要过大。若产仔数超过乳头数时可以将较大的仔猪寄养出去。

（四）仔猪及早补饲 仔猪在出生后 5～7 天开始引食补料，仔猪料应营养丰富易消化。补料量由少到多，让仔猪在母乳减少前能采食一定量的饲料，满足仔猪迅速生长发育的营养需要，提高仔猪断奶体重。

（五）适时断奶，合理过渡 如果仔猪大小不匀，可进行分批断奶，断奶时要做到饲料、环境和饲养管理方法的“三过渡”，在 15 天内逐步改变饲料，断奶仔猪饲料要多元化，粗、精、青饲料合理搭配，或饲喂乳猪全价饲料，少量多次喂给，每天应喂 4～5 次，每次喂八成饱。

（六）做好驱虫工作 及时驱除仔猪体内外寄生虫，能有效防止因寄生虫原因导致的生长发育缓慢。有体内外寄生虫寄生的仔猪应先驱虫后健胃，驱虫健胃后在饲料中添加适量骨粉、微量元素、多种维生素，病情严重的腹腔注射 10%葡萄糖注射液 100 毫升、生理盐水 100 毫升、10%维生素 C 注射液 5～10 毫升、10%维生素 B_1 注射液 5～10 毫升。对感染疾病的仔猪要早发现、早治疗，及时采取相应的有效措施，尽量避免重复感染，缩短病程。患病猪单独饲喂，对症治疗。

第四节 寄生虫病

寄生虫病是一种对养猪业发展危害极大的疾病，常给养猪造成严重的经济损失，必须引起高度重视。猪受到寄生虫侵害后主要表现为贫血、消瘦、生长发育受阻、饲料利用率降低等症状。

一、疾病种类

猪寄生虫病分为体内寄生虫和体外寄生虫。体内寄生虫主要有蛔虫、猪囊尾蚴、结节虫、球虫、兰氏类圆虫、鞭虫等；体外寄生虫有疥螨、血虱、蚊、蝇等。

（一）猪蛔虫病 猪蛔虫是消化道中最大的寄生虫，成虫可长达15～40厘米。成虫寄生于小肠肠腔或胆管中，猪只可经过被虫卵污染的饲料、饮水、泥土而感染。亦可黏附于母猪乳房，使仔猪在哺乳时受到感染。虫卵被猪吞食后在小肠孵化，然后进入肝脏，再经血流移行至肺脏，最后重新进入小肠发育为成虫。于感染后35～60天成虫开始排卵，自粪中排出的虫卵需要3～4周才会有感染力。感染蛔虫的猪生长速度要比健康猪降低30％左右。感染后1周，可见病猪咳嗽，呼吸加快，体温升高。重病猪可见精神、食欲不振，异嗜、消瘦、贫血，被毛粗乱及腹泻症状。误入胆管的成虫可引起胆道阻塞，使病猪出现黄疸症状。

（二）猪鞭虫病 猪鞭虫的成虫寄生于盲肠与结肠黏膜表面。虫卵自粪便中排出需要至少3周才发育成含幼虫的虫卵。经口感染后在结肠与盲肠内发育为成虫。从感染到成虫排卵共需6～7周时间。鞭虫虫卵的抵抗力也很强，在受污染的地面上可存活数年。1～6月龄猪只容易受到猪鞭虫的感染。猪鞭虫高度感染时，由于虫体头部深入黏膜引起肠道出血性炎症，临床上表现食欲减退，粪便带血，消瘦及贫血。其症状易与猪血痢相混淆，常与猪血痢病并发造成排黏性血便，这使诊断及治疗更加复杂。

（三）兰氏类圆线虫病 兰氏类圆线虫成虫寄生于猪小肠肠壁，夺取猪的营养和影响肠壁的吸收功能。但大多数病症是由幼虫的移行引起的，其幼虫可通过初乳感染仔猪。临床上，严重感染者小肠发生充血、出血和溃疡。病猪消瘦、贫血、腹痛，最后因极度衰弱而死亡。

（四）旋毛虫病 旋毛虫成虫寄生于肠管，幼虫寄生于横纹肌。人、猪、犬、猫、鼠类及狼、狐等均能感染。本虫常呈人、猪相互循环，人旋毛虫可致人死亡，感染来源于摄食了生的或未煮熟的含旋毛虫包囊的猪肉。肉品卫生检查是防治旋毛虫病的首要方法。本虫对猪致病微弱，但对人则强。

（五）结节虫病 结节虫属食管口线虫，寄生于盲肠和大肠。12周龄以上的猪只最易感染。主要的病变为盲肠形成结节。本病临床症状呈现轻微下痢，严重感染时除腹泻以外，病猪高度消瘦、发育受阻。

（六）猪肺线虫病 猪是猪肺线虫的唯一宿主。虫体呈乳白色线状，成虫寄生于猪的气管内，主要寄生于膈叶。猪感染了肺线虫的症状与猪气喘病相似，病猪咳嗽、呼吸困难、食欲丧失、贫血、消瘦、生长受阻。生前诊断采用粪便检查虫卵，死后在支气管或小支气管内发现虫体即可确诊。

（七）猪肾虫病 本虫寄生于猪肾脏周围脂肪组织内，虫体粗壮呈灰褐色。猪无论大小，患病之初均出现皮肤炎症，以后出现精神、食欲欠佳，喜卧，后肢无力，跛行，逐渐贫血、消瘦。诊断可镜检尿液，如发现虫卵或剖检病猪发现肾盂及肾周围脂肪内有虫体，即可确诊。

（八）猪胃圆线虫病 猪胃圆线虫主要寄生于猪胃黏膜内。虫体红色纤细，各种年龄的猪均易感染。病猪表现为胃炎、贫血、消瘦和发育不良。本病结合临床症状、粪检及尸检即可确诊。

(九)疥螨 猪疥螨俗称癞，是猪疥螨寄生在猪的皮内而引起的一种接触性传染的慢性皮肤寄生虫病。主要是通过病猪与健康猪的直接接触，或通过被螨及其虫卵污染的圈舍、垫草和饲养管理用具间接接触而引起感染。幼猪怕冷，有挤压成堆的习惯，这是造成本病迅速传播的重要原因。此外，猪圈内潮湿、阴暗，环境不卫生及猪营养不良均可促进本病的发生和蔓延。本病一年四季都可发生，病猪增重缓慢，如不及时治疗会形成僵猪甚至死亡。

(十)血虱 猪血虱多寄生于猪的颈部、耳部、肋部、腿内侧和腹部皮肤皱褶中，使猪烦躁不安。感染严重时，可导致猪生长缓慢、饲料利用率降低，同时增加对其他疾病的易感性。

二、防控措施

首先，要给猪只提供一个良好的环境条件，如干燥、向阳、温度适宜和通风的栏舍。要求饲养密度合理，饲养于水泥圈内。圈舍经常清扫和消毒，粪便随时收集并堆积发酵以杀灭排出的虫卵。要随时注意保证饲料、饮水的卫生，防止污染。给猪只提供充足的饲料，且饲料中应富含蛋白质、维生素与矿物质等营养成分，以提高其对寄生虫侵袭的抵抗力。

建立科学的寄生虫病驱虫制度，进行规范化、程序化防控。定期对猪群进行预防性驱虫，可减少寄生虫感染强度，防止寄生虫病的出现。驱虫时机应为断奶猪进入成长舍前，成长猪进入成长舍2个月后，妊娠母猪进入分娩舍前。公猪则每年驱虫2次。

切断传播途径，消灭中间宿主，如蚯蚓、蚊、蝇、猫、鼠等。

常用抗体内寄生虫药物包括丙硫咪唑、左旋咪唑、敌百虫、越霉素、伊维菌素；抗体外寄生虫药物包括二嗪磷、阿维菌素、敌百虫等。

第五节　传染病

我国养猪生产中多数仔猪在4周龄左右断奶，然而在部分地区采用仔猪3周龄断奶，甚至更早，国外有人提前到5～15天断奶。早期隔离断奶具有提高仔猪生产性能，缩短母猪的繁殖周期等优点，但早期断奶过程中的应激、低气温及饲料和营养状况的突然改变等因素，也可导致断奶仔猪消化功能紊乱，感染大肠杆菌、沙门氏菌、魏氏梭菌等。

一般来说，仔猪出生后5天的常发疾病有仔猪黄痢、仔猪红痢；出生15天的常发疾病有轮状病毒病、猪传染性胃肠炎；出生后15～30天的常发疾病有仔猪白痢、仔猪渗出性皮炎（仔猪油皮病）；出生30天的常发疾病有仔猪副伤寒、副猪嗜血杆菌病、水肿病、猪痢疾、猪链球菌病、猪伪狂犬病、猪瘟、断奶仔猪多系统衰竭综合征、蓝耳病等。

一、仔猪黄痢

是由致病性大肠杆菌引起的一种急性、致死性疾病，临床上以腹泻、排黄色或黄白色粪便为特征。常发生于1～3日龄的仔猪，随日龄增加而发病减弱，7日龄以上很少发生，同窝仔猪发病率达90%以上，甚至全窝死亡。

本病以预防为主，环境阴冷脏湿是导致黄痢发生的主要原因。勿从病猪场购进种猪，母猪产前对产房要彻底消毒，仔猪在哺乳前用0.1%高锰酸钾溶液擦洗母猪乳房和乳头，及早哺喂初乳。母猪于产前40天和15天各注射疫苗1次。用药原则是抗菌止泻，强心补液；一头发病，全窝治疗。

二、仔猪红痢

是由C型产气荚膜梭菌引起的一种高度致死性肠毒血症，临床上以血性下痢、病程短、病死率高、小肠后段弥漫性出血或坏死性变化为特征。主要侵害1～3日龄的仔猪，1周龄以上仔猪很少发病。在同一猪群内各窝仔猪的发病率不同，最高可达100％，病死率一般在20％～70％。

本病一旦发生，常顽固地在猪场存在，很难清除，因此要加强饲养管理，对猪舍、场地、环境等进行定期清洁和消毒。特别要注意产房、用具和母猪乳头在接生时的消毒，以减少本病的发生和传播。由于病程太急，药物治疗往往疗效不佳。在常发病的猪群，必要时可试用对本病菌敏感的抗生素或磺胺类药物治疗。

三、仔猪白痢

是由致病性大肠杆菌引起的一种急性肠道传染病。临床上以排灰白色、腥臭、糨糊状稀粪为特征。主要发生于10～30日龄的仔猪，以2～3周龄较多见，1月龄以上的猪很少发生，其发病率约50％，但病死率低。

本病以预防为主，除参照仔猪黄痢的有关防控措施外，还应注意加强母猪的饲养管理，保证母猪日粮中有充足的矿物质和维生素。避免母猪乳汁过稀、不足或过浓。仔猪提早开食，促进消化功能发育，给母猪和仔猪补充微量元素。

四、猪传染性胃肠炎

是由猪传染性胃肠炎病毒引起的一种肠道传染病，以引起2

周龄以下仔猪呕吐、严重腹泻、脱水和高死亡率为主要特征。本病的发生具有明显的季节性，每年11月份至翌年的4月份为发病高峰。10日龄以内仔猪病死率高，5周龄以上猪死亡率低，成年猪几乎不死。剖检特征性变化主要见于小肠。

母猪进行疫苗免疫对新生仔猪有良好的保护作用。本病没有特效治疗药物，发病后要及时补水和补盐，用抗生素防止继发感染。平时要注意环境和用具的消毒。

五、轮状病毒病

由轮状病毒所致的一种以腹泻为特征的传染病。本病多发生于晚秋、冬季及早春季节。仔猪多发，暴发时发病率可达80%，病死率在50%～100%。1～3周龄仔猪感染率高于4～6周龄仔猪。在寒冷季节，1～3周龄仔猪或刚断奶仔猪突然发生水样腹泻，应考虑轮状病毒感染。

本病目前尚无特效药物治疗。因此，加强管理是预防本病的关键。搞好环境卫生和消毒工作，遵循全进全出的管理模式；仔猪尽早吃入初乳，不过早断奶；严格执行兽医防疫措施，增强母猪和仔猪的抗病力；重症病猪可采用对症疗法。

六、仔猪副伤寒

由沙门氏菌引起的一种疾病，临床上以败血症、腹泻为特征。常发生于6月龄以下的仔猪，以1～4月龄猪发生较多，20日龄以内及6月龄以上的猪往往很少发生。本病是条件性传染病，在营养物质缺乏、拥挤、寒冷潮湿、气温突变等情况下发病较多。

应加强饲养管理，消除发病诱因，保持饲料和饮水的清洁、卫生。在常发地区和猪场，对仔猪应坚持疫苗接种。对发病猪尽早治疗，可选用敏感抗菌药物，最好做药敏试验。用药原则是抗菌、解毒、收敛、补液、强心。

七、副猪嗜血杆菌病

由副猪嗜血杆菌引起的一种传染病，主要表现多发性浆膜炎、关节炎、纤维素性胸膜炎肺炎和脑膜炎等。该菌只感染从 2 周龄到 4 月龄的青年猪，主要在断奶前后和保育阶段发病，通常见于 5～8 周龄，发病率在 10%～15%，严重时可达 50%。急性病例往往首先发生于膘情良好的猪。当猪群中存在蓝耳病病毒、流感病毒、圆环病毒感染时，本病更容易发生。

疫苗免疫是预防本病的有效方法，疫苗可以选用自家苗或商品疫苗。消除各种断奶、转群、运输、温度等应激诱因。治疗可以使用抗生素联合用药。

八、水肿病

是由溶血性大肠杆菌毒素引起的断奶仔猪或外购仔猪的一种急性、致死性疾病，临床上以头部、眼睑水肿，叫声嘶哑，共济失调，渐进性麻痹为主要特征。本病呈地方性流行，常限于某些猪群，不广泛传播。发病率 5%～30%，死亡率达 90%以上，多发生在断奶后 1～2 周的仔猪。突然发病，病程短，发病猪多为饲养良好和体格健壮的仔猪。

本病治疗效果不好，重在预防。应加强仔猪断奶前后的饲养管理，提早补料，训练采食，使其断奶后适应独立生活。断奶不要太突然，饲料喂量应逐渐增加，保持舍内清洁卫生，坚持每天消毒。用药原则是抗菌、强心、利尿、解毒。

九、猪 痢 疾

由猪痢疾密螺旋体引起的一种肠道传染病，又称血痢。以黏液性、出血性腹泻和大肠黏膜发生卡他性、出血性和坏死性炎症为特征。各种年龄和品种的猪均易感，但以 7～12 周龄的小猪发生较多。本病流行无季节性，持续时间长。

引进种猪应隔离检疫，平时对环境、用具等进行定期消毒。对病猪及时应用有效的抗菌药物治疗。

十、链球菌病

由链球菌引起的一类传染病的总称，临床上主要分为败血型、脑炎型、脓肿型、关节炎型 4 个类型。所有年龄的猪均易感，其中急性败血型多散发于哺乳及断奶后的仔猪，病死率较高。

本病除采取综合性防疫措施外，可用猪链球菌疫苗进行定期免疫。用药原则是抗菌、消炎、镇痛。

十一、猪 肺 疫

猪肺疫是由多杀巴氏杆菌引起猪的一种急性、热性传染病，又称猪巴氏杆菌病。因病猪出现咽部急性肿胀，高度呼吸困难，如锁喉之状，故又名锁喉风。其特征是最急性型表现败血症和咽喉炎，但目前生产中比较少见。急性型呈纤维素性胸膜肺炎；慢性型主要表现为慢性肺炎。本病以秋末春初及气候突变的季节发病较多。南方呈流行性发生，北方多为散发性。由于健康猪只扁桃体巴氏杆菌的带菌率高达 63%，当带菌猪受到各种不良因素的侵害时，如断奶、转群、气候突变、运输、通风不良等应激时，易诱发本病的发生与流行。

加强饲养管理，排除应激因素的干扰；每年春、秋两季定期用猪肺疫氢氧化铝甲醛疫苗或猪肺疫口服弱毒疫苗进行2次免疫接种。

十二、李氏杆菌病

李氏杆菌病是由单核细胞李氏杆菌引起的一种散发性传染病。常呈散发性或地方流行性，多在冬季和春季流行。临床上表现为脑膜炎、败血症和流产，一般发病率为10%左右，但死亡率很高。幼龄猪常发生败血症，可见体温升高，拒食，口渴，有的咳嗽、腹泻、皮疹及呼吸困难，病程1～3天即死。

目前尚无防治本病的疫苗，主要是实施综合性防控措施。灭鼠，驱除体内、外寄生虫，发现病猪立即隔离，对被污染的环境进行彻底消毒，尸体深埋。发病早期应用大剂量磺胺类药物治疗，并可与四环素、氟苯尼考等并用，单独使用青霉素治疗效果不佳。

十三、猪传染性萎缩性鼻炎

猪传染性萎缩性鼻炎是由支气管败血波氏杆菌和产毒素多杀性巴氏杆菌引起的猪呼吸道慢性传染病。本病以猪鼻甲骨萎缩、颜面变形及生长迟滞为主要病理特征。不同年龄的猪均可感染，但以幼猪的病变最为明显。成年猪感染后看不到症状，但成为带菌者。本病一年四季均可发生，以秋、冬产仔期较多发（最早1周龄，6～8周龄最显著）。

加强检疫，严防从外购进病猪或带菌猪；对病猪及可疑猪坚决淘汰；对贵重种猪实行剖宫产，隔离饲养，培养无本病的健康猪群；要加强卫生消毒制度；发病猪场可对种母猪和仔猪用灭活疫苗或二联灭活疫苗免疫接种。

十四、猪传染性胸膜肺炎

猪传染性胸膜肺炎是由胸膜炎放线杆菌引起猪的以急性出血性和慢性纤维素性坏死性胸膜肺炎病变为特征的一种严重呼吸系统传染病。各种年龄的猪均易感，以6周龄至6月龄发病最多，春、秋两季发病率较高。饲养环境突变、饲养密度过大、猪舍通风不良、气候骤变及长途运输等均可诱发本病。死亡率为20%～100%。

加强饲养管理，减少各种应激因素；严格隔离检疫引进猪，确认无病方可混群饲养；对断奶仔猪可试用灭活疫苗免疫接种；感染猪群可用血清学方法检查，清除隐性带菌猪。早期治疗是提高疗效的关键。

十五、猪伪狂犬病

由伪狂犬病病毒引起的一种急性病毒性传染病。仔猪2日龄即可感染发病，15日龄以内的死亡率为100%。断奶仔猪感染发病率为20%～40%，死亡率在20%左右。病仔猪表现为高热、食欲废绝、呼吸困难，后表现神经症状，抽搐至死亡。

实行药物保健、治疗方案与生物安全措施可获得满意的防治效果；免疫预防有多种商品化疫苗可进行免疫接种；培养健康猪群；猪场内严禁混养其他动物，特别是不要让犬、猫进入猪舍；彻底消灭鼠类，驱赶鸟类；坚持消毒制度，开展人工授精，可有效地防止本病传播。

十六、猪　瘟

由猪瘟病毒引起的一种高度接触性传染病，临床上呈现多种变化，以全身组织器官泛发性小点出血为特征。从乳猪至断奶前后的仔猪均可感染，其发病率与死亡率很高，可达 90%以上。本病往往以非典型猪瘟形式出现。

接种猪瘟兔化弱毒疫苗是预防和控制本病的主要方法。种猪每年接种 2 次，定期进行。仔猪在 20 日龄和 65 日龄各接种 1 次。暴发猪瘟时对全部无症状的猪用 3 倍剂量的猪瘟疫苗紧急接种，可控制疫情。

十七、断奶仔猪多系统衰竭综合征

圆环病毒Ⅱ型是主要病原，但不是唯一的病原。本病的发生常与各种病原混合感染与继发感染、不科学的饲养管理、恶劣的饲养环境和各种应激因素的诱发密切相关。主要发生于 5～12 周龄的仔猪，一般于断奶后 1～3 周开始发病，发病时常表现为先天性震颤、消瘦、呼吸急促、咳喘、黄疸、腹泻、贫血等。本病常与蓝耳病、细小病毒病、伪狂犬病、巴氏杆菌病等多种疾病混合感染。随饲养条件和暴发的阶段不同，一般致死率可达 30%～50%。

慎重引种，严防带入隐性感染的传染源。严格检疫，隔离观察。做好仔猪 70 日龄之前各种疫苗的免疫接种，能有效降低本病的发病率和死亡率。

十八、蓝 耳 病

由猪繁殖与呼吸综合征病毒引起的一种新的高度传染性疾

病，以母猪繁殖障碍，猪的呼吸道症状和仔猪高死亡率为特征。仔猪发病多出现在5～13周龄，一般从5～6周龄开始发病，8～9周龄为发病与死亡高峰，以后逐渐减少。断奶前仔猪死亡率为80%～100%，断奶后仔猪死亡率为20%～50%，如出现多重感染其死亡率更高。临床症状表现为体温升高，呼吸困难，呈腹式呼吸，减食，消瘦，皮肤发白，被毛粗乱，眼睑水肿，少数仔猪耳部和体表皮肤发紫。

本病的防控应采取综合性预防措施，从加强消毒、降低饲养密度、提高营养、改善环境、控制肺炎等方面入手。对发病猪可采取输液、补充电解质和多种维生素、降温、抗菌等方法。由于病毒本身的特殊性，预防接种应视猪场具体情况而定。如果确定可以接种疫苗，仔猪可于23～25日龄使用高致病性猪蓝耳病灭活疫苗进行免疫接种，后备种猪可于配种前再免疫接种1次。

第六节　普　通　病

一、新生仔猪溶血症

新生仔猪溶血症是因新生仔猪吃入初乳而引起红细胞溶解的一种急性、溶血性疾病。

(一)临床症状　仔猪出生后，膘情、精神良好，无异常状态，但吮吸母猪初乳数小时后即发病，其症状是停止吃乳，精神委顿，畏寒震颤，后躯摇摆，尖叫，皮肤苍白，结膜黄染，即使黑毛色仔猪皮肤也可见黄染。尿液透明呈棕红色，粪便稀薄。血液稀薄，不易凝固。血红蛋白降至3.6～5.5克，红细胞数降至3万～150万个，体温39℃～40℃，1～2天内死亡。

(二)防治措施　本病目前尚无特效疗法。如发现新生仔猪溶血现象，立即停止仔猪在原窝哺乳，把仔猪转移给其他哺乳母猪代哺乳。对所产仔猪曾发生过溶血症的母猪，于产后、仔猪吃奶前，进行母猪初乳抗仔猪红细胞的凝集试验，凡阳性者，将该母猪所生的仔猪交由其他母猪代哺或进行人工哺乳。同时，按时挤出母猪乳汁，3 天后再让仔猪吸吮母乳。

二、新生仔猪假死症

仔猪假死症又称新生仔猪窒息，母猪分娩时难产易导致本病发生。

（一）临床症状　仔猪轻度窒息时，软弱无力，黏膜呈青紫色，口腔和鼻孔充满黏液，呼吸浅表，节律不匀，甚至张口呼吸或气喘，心跳快而弱，肺部有湿性啰音；仔猪重度窒息时，全身松软，黏膜苍白，舌伸出口外，反射功能消失，呼吸停止，心音微弱。

（二）防治措施　在母猪分娩过程中，要做好人工助产工作，尽量缩短母猪产程，防止仔猪假死。对于假死仔猪，应迅速用清洁毛巾将其口、鼻部的黏液及羊水擦干净，将少量酒精涂入鼻孔及鼻端，或向鼻孔内吹气，以诱发仔猪呼吸。一只手提起后肢，头部向下，另一只手轻轻拍打仔猪后背和前胸；或进行人工呼吸，将假死仔猪仰卧在柔软的垫草堆上，先将两前肢紧贴胸壁，而后向左右分开，反复进行，一紧一松地压迫胸部，每分钟 15～25 次，持续 4～5 分钟。此外，用浸有氨水的棉花放在假死仔猪的鼻孔上，肌内注射尼可刹米注射液或山梗菜碱注射液也有一定效果，与人工呼吸配合应用时，疗效增强。

三、仔猪白肌病

白肌病一般多发生于 20 日龄左右的仔猪，成年猪少发。

(一)临床症状 本病常突然发生,患病仔猪一般营养良好,在同窝仔猪中身体健壮。病猪食欲减退,精神不振,呼吸促迫,喜卧,常突然死亡。部分仔猪出现转圈运动或头向侧转。心跳加快,心律不齐,最后因呼吸困难、心脏衰弱而死亡。剖检可见骨骼肌、特别是后躯臀部肌肉和股部肌肉色淡,呈灰白色条纹,膈肌呈放射状条纹。切面粗糙不平,有坏死灶。心包积水,心肌色淡,尤以左心肌变性最为明显。体温一般无变化。病程较长的,表现后肢强硬,拱背,行走摇晃,肌肉发抖,步幅短而呈痛苦状,有时两前肢跪地移动,呼吸困难,心脏衰弱,最后死亡,病程一般为3～8天。

(二)防治措施 在饲料中添加亚硒酸钠,每吨料中添加0.1～0.2克。冬季可给妊娠母猪皮下注射0.1%亚硒酸钠注射液3～5毫升,每20天注射1次,共注射3次,同时注射维生素E。仔猪出生后,肌内注射0.1%亚硒酸钠注射液2～3毫升、维生素E 50～75毫升、鱼肝油3毫升进行预防。对发病仔猪,用0.1%亚硒酸钠注射液皮下或肌内注射,每次2～4毫升,隔20天再注射1次。配合应用维生素E 50～100毫升肌内注射效果更佳。

四、仔猪低糖血症

仔猪低糖血症是仔猪在出生后最初几天内发生的一种营养代谢病,又称乳猪病或憔悴猪病。

(一)临床症状 一般仔猪在出生后2～3天内发病,常发于一窝中的数只仔猪。临床表现为精神沉郁,四肢无力,走路时步态不稳,然后卧地不起,呈阵发性惊厥,体温降低,黏膜苍白,呼吸加快,不时发出尖叫声,后期出现昏迷而死亡。大部分病猪在2小时内死亡,也有的1天后死亡,发病仔猪死亡率比较高。

(二)防治措施 加强母猪的饲养管理,在妊娠后期提供足够的营养,保证胎儿的正常发育,提高产后母猪的泌乳力,保证新生仔猪吃到充足的乳汁。注意圈舍保暖,防止其他应激因素对仔猪的影响。若母猪无乳,应及时对仔猪进行人工哺乳或寄养。给母猪和仔猪补充糖分,也具有很好的预防效果,母猪产前 7 天至产后 5 天,每天补糖 50～100 克;仔猪出生后,立即给予 20%葡萄糖水口服,每头 5 毫升,每天 4 次,连喂 3 天。发现一只仔猪发病,要全窝防治,可用 10%葡萄糖注射液 20～40 毫升,腹腔或皮下分点注射,每隔 4 小时 1 次,连用 2 天,效果良好。也可口服 20%葡萄糖溶液 5～10 毫升,每天 3 次,连用 3 天。胃肠道弛缓、排空障碍时,可肌内注射复合维生素 B 注射液,一次量,每千克体重 0.2 毫升,每天 2 次,连用 2 天。

五、仔猪贫血症

仔猪贫血症是由于仔猪对铁的需要不能得到满足,影响体内血红蛋白合成而发生的贫血。由于本病严重影响仔猪的生长发育,对养猪业可造成严重的经济损失,故其预防和治疗不容忽视。

(一)临床症状 一般在 5～21 日龄仔猪发病较多,病仔猪一般体温偏低或正常,精神沉郁,机体消瘦、衰弱,被毛粗乱、无光泽,黏膜苍白,呼吸、心跳加快,稍加运动便心悸、气喘,可在运动中突然死亡。病猪有异食癖,喜食砖头、石块、泥土等。有的食欲不振,便秘或腹泻,生长不良。本病发展缓慢,病程约为 1 个月,在仔猪主要依靠母乳提供营养时症状最为明显,能自行采食后症状逐渐减轻,少数病重仔猪发展成僵猪或死亡。

(二)防治措施 给妊娠及哺乳母猪提供富含铁、铜、钴及各种维生素的饲料,提高母乳的抗贫血能力。每吨饲料中添加硫酸亚铁和硫酸铜各 100～500 克,研成粉末,均匀地拌入饲料中。或将 2.5 克硫酸亚铁和 1 克硫酸铜溶于 1 000 毫升水中制成铁铜合剂,避光保存,预防时可将混合液涂抹在母猪乳头上,让初生仔猪随乳吸食，每天2次；随着仔猪成长还可将以上药物直接灌喂或混入饮水、饲料中，每天10毫升，并根据病情适量增减，连用5～7天；或采用葡聚糖铁钴注射液，4～10日龄仔猪后肢深部肌内注射，每次2毫升，重症病例隔2天重复注射1次，可取得良好的预防及治疗效果。或在猪的圈舍中经常放一些晒干的红黏土或深层干燥的红土，让仔猪拱食，以补充铁元素。

重症仔猪亦可肌内注射肝泰注射液0.2～1毫升和5%葡萄糖注射液1～3毫升，每天1次，连用7天，以保护肝功能。此外，预防和及时治疗仔猪的胃肠道疾病对本病的防治也有重要作用。

六、仔猪佝偻病

仔猪佝偻病是仔猪群体中很常见的一种营养代谢性疾病，即钙、磷代谢障碍病。

(一)临床症状 病初，仔猪喜食泥土、污物，采食减少，生长发育不良，食欲减退，被毛粗糙，以后逐渐呈现面骨肿胀，后肢关节增大肿痛，采食时左右肢不断交替负重。最后可见长骨扭曲变形，站立困难，或前肢跪着走路，喜卧。

(二)防治措施 按照饲养标准给母猪补足钙、磷及维生素D，钙、磷比例应控制在1.2～2∶1的范围内；注意保持圈舍清洁卫生、通风干燥、光线充足。治疗可每头仔猪肌内注射维生素D 10万～20万单位，3天后再注射1次，每天补喂骨粉20～50克；或每天每头口服鱼肝油5毫升，连喂6天，并每天补喂骨粉20～50克；或每头仔猪肌内注射维丁胶性钙注射液2～4毫升，每3天注射1次，连用3次。对站立困难、体弱瘫痪者，首先补充营养，静脉注射10%葡萄糖注射液50～100毫升、5%碳酸氢钠注射液5～10毫升，同时肌内注射安痛定注射液5～10毫升和维丁胶性钙注射液5毫升，每天1次，连用3天，以后隔天1

次，连用3次，并精心护理10～20天后即可痊愈。

第七节 猪场环境控制与消毒

猪场内外环境控制的好坏，消毒是否全面彻底，直接影响着猪的生长发育和养殖场的经济利益。因此，如何控制猪场的内外环境，做好猪场消毒至关重要。

一、猪场环境控制

(一)外环境控制

1. 猪场场址选择与规划布局 猪场应选在无污染源，生态条件良好，地势高燥，背风向阳，水质良好，水源充足，交通相对便利的地方。猪场要求通风良好，不要建在山坳里，以免空气的流通不畅，场区小，环境无法控制。

猪场的办公区、生活区、辅助生产区、生产区要分开。办公区对外，设在最外边；生活区为内部员工生活的地方，包括宿舍、食堂等；辅助生产区主要是饲料场、兽医室等；生产区是真正养猪的区域，要在严格的隔离状态下生产。猪舍内部设施要利于环境的控制，通风设施齐备。同时，要让猪有足够的运动空间，有利于猪的健康(详见本章第一节相关内容)。

2. 场区绿化 猪场周围和场区空闲地种植花草树木，对改善小气候有重要的作用。可在猪场内的道路两侧种植行道树，每栋猪舍之间都要栽种速生、高大的落叶树(如水杉、白杨树等)，场区内的空闲地种蔬菜、花草和灌木。有条件的猪场最好在场区外围种植5～10米宽的防风林。通过上述绿化措施，可调节场区内温度、湿度、气流等，改善场区小气候，在寒冷的冬季可使场内风速降低70%～80%，在炎热的夏季可使气温下降10%～20%，并可起到隔离带的作用,能将场内空气中有毒、有害气体减少25%,尘埃减少30%~50%,空气中的细菌数减少20%~80%;还可降低场区噪声,有益于人和猪的健康。

(二)内环境控制

1. 温度 猪对环境温度的高低非常敏感,不同猪群对环境温度的要求不一样。低温对新生仔猪危害最大,若新生仔猪裸露在1℃环境中2小时,便可冻僵、冻昏,甚至冻死。寒冷对仔猪的间接影响更大,是仔猪黄痢、白痢和传染性胃肠炎等腹泻性疾病的主要诱因,还能引起呼吸道疾病的发生。成年猪则不耐热,当气温高于28℃时,体重在75千克以上的猪可能出现气喘现象。若超过30℃,猪的采食量明显下降,饲料利用率降低,生长缓慢。当气温高于35℃以上,又不采取任何防暑降温措施,有的猪就可能发生中暑,妊娠母猪可能流产,公猪配种能力下降,精液品质不良,并在2~3个月内都难以恢复。

因此,适宜的温度对猪的生长发育非常重要。一般是猪体重平均每增重10千克,舍温应降2℃~3℃。不同阶段猪群的最适宜温度参考值如下:初生仔猪为32℃~35℃,2周龄仔猪为28℃~32℃,3周龄仔猪为25℃~28℃,断奶前后为25℃,生长猪为20℃~25℃,妊娠母猪及成年母猪为15℃~20℃,成年公猪为15℃~18℃。此外,春、秋两季昼夜温差大,要注意缩小舍内昼夜温差。

2. 湿度 湿度是指猪舍内空气中含水分的多少,一般用相对湿度表示,猪的适宜相对湿度范围为65%~80%。猪舍内湿度过高影响猪的新陈代谢,是引起仔猪黄、白痢的主要原因之一,还可诱发肌肉、关节方面的疾病。为了防止湿度过高,首先要减少猪舍内水汽的来源,少用或不用大量水冲刷猪圈,保持地面平整,避免积水。设置通风设备,经常开启门窗,以降低室内湿度。

3. 光照 光照可促进猪的新陈代谢,加速其骨骼生长,并有杀菌消毒以及活化和增强免疫功能的作用。不同生产阶段的猪对光照要求不一样，对于仔猪延长光照时间或提高光照强度，可增强仔猪肾上腺皮质的功能，提高免疫力，促进食欲，增强仔猪消化功能，提高仔猪增重速度与成活率。据测定，每天 18 小时光照与 12 小时光照比较，仔猪患肠胃病者减少 6.3%～8.7%，死亡率下降 2.7%～4.9%，日增重提高 7.5%～9.6%；肥育猪对光照没有过多的要求，但光照对繁育母猪有重要作用。据报道，若将光照由 10 勒增加至 60～100 勒，母猪繁殖率能提高 4.5%～85%；哺乳母猪每天保持 16 小时的光照，可诱发母猪在断奶后早发情。一般建议光照时间：仔猪 18 小时/天，生长肥育猪不超过 10 小时/天，母猪和后备种猪 12～17 小时/天，公猪 8～10 小时/天。

4. 饲养密度　饲养密度是指猪舍内猪的密集程度，用每头猪占用的面积来表示。饲养密度直接影响猪舍内的空气卫生状况，饲养密度大，猪只散发出来的热量多，舍内气温高，湿度大，灰尘、微生物和有害气体增多，噪声加大。若长时间生活在这种环境中，会刺激上呼吸道黏膜，引起炎症，猪易感染或激发呼吸道的疾病，如猪气喘病、传染性胸膜肺炎、猪肺疫等。污浊的空气还可引起猪的应激综合征，表现为食欲下降、泌乳减少、狂躁不安或昏昏欲睡、咬尾嚼耳等现象。为了防寒和降暑，冬季可适当提高饲养密度，夏季可降低饲养密度。建议饲养密度应为每头猪占地 0.82～1.02 米^2，每圈 10～15 头。

二、猪场消毒

猪场消毒是贯彻“预防为主”方针的一项重要技术措施，是防控疾病的关键，是猪场安全生产的技术保障。因此，猪场必须建立严格的、切实可行的消毒制度。主要包括猪场环境消毒、人员消毒、猪舍消毒等。

(一)消毒方法

1. 猪舍外部环境消毒 在猪场大门口及每栋猪舍的出入口都必须设立消毒池,对进出车辆和来往人员的靴鞋进行消毒。猪场大门口设置的车辆消毒池长度应为3～4米,宽度与整个入口相同,池内药液深度为15～20厘米,并配置低压消毒器,对来往车辆的车身、底盘进行细致、彻底的喷洒消毒。

猪场道路和环境要保持清洁卫生,对猪舍外环境每月消毒1次,非生产区每季度消毒1次。

死亡猪与污染的杂物应进行无害化处理。选择距猪场200米以外的无人区挖坑进行深埋处理,应选择土质干燥、地势较高、地下水位较低的地方挖坑,坑深3米,长、宽根据实际而定,坑底部撒上生石灰,再放入尸体,放一层尸体撒一层生石灰,最后填土夯实。

2. 人员消毒 进入猪场的所有人员,通过脚踏消毒池、紫外线照射、消毒药液洗手、更换场区工作服和胶靴后进入生产区。要严格控制外来人员进入场区,对于无法拒绝的非本场人员,更应严格遵守并执行上述消毒制度。并遵守场内防疫制度,按指定路线行走。有条件的猪场,在生产区入口设置消毒室,在消毒室内洗澡、更换衣物,穿戴消毒好的清洁工作服、帽和靴经消毒池后进入生产区。消毒室经常保持干净、整洁,工作服、工作靴和更衣室定期洗刷消毒。

3. 猪舍消毒 每批猪只调出后要将猪舍彻底清扫干净,再用高压水枪对舍内的地面、走道、墙壁和栅栏等进行冲洗,自然干燥后,喷雾消毒(用高压喷雾器),要求喷雾均匀,不留死角。用化学消毒液消毒时,消毒液的用量一般是每平方米面积用1～1.5升。消毒时,先喷洒地面,然后喷洒墙壁,先由离门远处开始,喷完墙壁后再喷天花板,最后再开门窗通风,用清水刷洗饲槽,将消毒药味除去。产房可采用火焰喷射消毒器对地面、产床、四壁等进行消毒,仔猪舍可每立方米用40%甲醛溶液28毫升、高锰酸钾14克进行熏蒸，封闭 24 小时后通风换气，2 天后方能进猪。在进行猪舍消毒时，应将产房和仔猪舍所需用具一并在舍内消毒。

4. 器械消毒　在消毒前要对医疗器械进行彻底的洗刷，冲洗干净后再进行消毒。注射器内的药物、疫苗等堵塞物应清理干净，金属注射器要松动螺旋，取出玻璃套管、皮垫后洗净（如果不取出皮垫则会造成皮垫老化）。手术刀、手术剪、手术钳、镊子、耳号钳、止血钳等要用 70%酒精擦去上面的血迹，洗净后用高压灭菌法灭菌消毒。消毒后，应该带上灭菌医用手套将器械安装好，放在事先消毒过的器械盘中。

5. 饮水消毒　饮用水中细菌总数或大肠杆菌数超标或含可疑污染病原微生物时，需进行消毒，要求消毒剂对猪体无毒害，对饮欲无影响。

（二）消毒药的选择　一是选择使用广谱、高效、低残留、经济、无色、安全型消毒剂；二是选择有效成分含量高，配比浓度大的消毒剂；三是选择知名品牌，专业性、技术性实力较强企业生产的产品；四是按照消毒对象不同，合理选择有针对性的消毒剂。

猪场环境、圈舍消毒应选择广谱、无色、无味、低残留、安全、经济型高效消毒灭菌剂，如二氯异氰尿酸钠、三氯异氰尿酸、溴氯海因、亚氯酸钠、复合戊二醛溶液等。猪粪便消毒应选择低残留、经济型高效消毒灭菌剂，如含氯制剂，因为含氯制剂不仅消杀效果好，而且具有显著的除臭功能。

人员消毒应首选聚维酮碘溶液。

饮水消毒则应选择无色、无味、高效、无毒的含氯制剂，如漂粉精、次氯酸钠、二氯异氰尿酸钠、二氧化氯等。二氯异氰尿酸钠是饮水消毒最佳的消毒剂，这是国际卫生组织公认的目前无可取代的饮水消毒剂。

养殖用具消毒则应选择无色、无味、腐蚀性小的高效消毒剂，如季铵盐消毒剂、复合戊二醛溶液、二氯异氰尿酸钠等。

(三)消毒药的分类及常用消毒药的使用方法

1. 消毒药的分类

(1)强碱性消毒药　临床上常用的此类消毒药有氢氧化钠(烧碱)、生石灰及草木灰等。其消毒原理是直接或间接以碱性物质破坏病原菌的蛋白质或核酸,扰乱其正常代谢。氢氧化钠极具腐蚀性,不宜对纺织品和金属制品进行消毒,使用时要严格注意浓度,消毒后一定要用清水清洗,以免烧伤畜禽的蹄部或皮肤。草木灰在农村常用于对畜禽圈舍、场地的消毒,既可以清洁场地,又能有效地杀灭病原菌,缺点是对病毒效果不佳。生石灰常配成10%～20%溶液对畜禽饲养场的地板或墙壁进行消毒,生产实践中常在掩埋病死畜禽时先撒上生石灰粉,再盖上泥土,能够有效地杀死病原微生物。

(2)强氧化性消毒药　常用的有过氧乙酸、高锰酸钾等,多用于细菌、芽孢和真菌的杀灭。0.2%～0.5%过氧乙酸溶液多用于畜禽栏舍、饲槽、用具、车辆、地面及墙壁的喷雾消毒。带畜禽消毒时应做到现配现用。高锰酸钾是一种强氧化剂,遇到有机物即起氧化作用,不仅可以消毒,又可以除臭,低浓度时还有收敛作用,生产实践中常配成0.05%～0.1%的水溶液,供畜禽自由饮用,可预防和治疗胃肠道疾病。用于皮肤、黏膜、伤口消毒及洗胃解毒时配成0.5%的溶液。

(3)阳离子表面活性剂　目前主要使用新洁尔灭,其既有清洁作用,又有抗菌消毒效果,它的特点是对畜禽组织无刺激性,作用快,毒性小,对金属及橡胶均无腐蚀性,但价格较高。0.1%溶液用于器械、用具的消毒,0.5%～1%溶液用于手术局部消毒。使用时要避免与阴离子活性剂如肥皂等共用,否则会降低消毒效果。

(4)有机氯类消毒药　临床上常用的有消特灵、菌毒净及漂白粉等,主要对细菌、芽孢、病毒及真菌杀灭作用较强,不足之处是药效持续时间较短,药物不易久存。多用于畜禽栏舍、饲槽及车辆等的消毒。

(5)复合酚类消毒药　除可杀灭细菌、病毒和真菌外，对多种寄生虫虫卵也有杀灭作用。主要用于畜禽栏舍、设备、器械、场地的消毒，杀菌作用强。但注意不能与碱性药物或其他消毒药混合使用。

(6)双链季铵盐类消毒药　这是一类新型的消毒药，具有性质比较稳定、安全性好、无刺激性和腐蚀性等特点。以主动吸附、快速渗透和阻塞呼吸来杀灭病毒、细菌、真菌及藻类。在一定使用浓度下，对人、畜安全可靠，无毒、无刺激性，不产生耐药性，并且在水质硬度较高的条件下，消毒效果也不会减弱。适用于饲养场地、栏舍、用具、饮水器、车辆、孵化机及种蛋的消毒。

2. 常用消毒药的使用方法

(1)氢氧化钠　又名烧碱、火碱、苛性钠，对细菌、芽孢、病毒和寄生虫虫卵都有杀灭作用。本品有强烈的腐蚀性，禁用于金属器械及纺织品的消毒，更应避免接触家畜皮肤。

①2%氢氧化钠溶液　取氢氧化钠 1 千克，加水 49 升溶解搅拌均匀即成。常用于病毒性疾病的消毒，如口蹄疫、猪瘟、鸡新城疫以及细菌性感染时的环境及用具的消毒。

②5%氢氧化钠溶液　取氢氧化钠 2.5 千克，加水 47.5 升搅匀即成，用于炭疽的消毒。

③10%氢氧化钠溶液　取氢氧化钠 5 千克，加水 45 升搅拌均匀，用于结核杆菌的消毒。

(2)氢氧化钙　即生石灰，常用于猪丹毒、猪肺疫、疥癣、布鲁氏菌病、鸡痘等病污染物的消毒。

①石灰粉(氧化钙)　取生石灰块 5 千克，加水 1.5～2 升，使其化为粉状，泼洒于畜禽舍地面、出入口及运动场等处起消毒作用，并有吸潮作用，过久无效。

②10%～20%生石灰乳液　生石灰块 5 千克，加水 5 升化为

糊后，再加水至25～50升，搅拌均匀，涂刷畜禽舍墙壁等，现配现用。

(3)漂白粉(含氯石灰)　常用10%～20%漂白粉混悬液。取漂白粉5千克，加水20～45升，充分搅拌，能杀灭细菌、病毒及炭疽芽孢，常用于圈舍、车辆、场地、排泄物等的消毒。饮水消毒时每升水中加入0.3～1.5克漂白粉，临时配用。本药具有腐蚀性，避免用于金属器械的消毒。

(4)70%～75%酒精　取95%酒精71.84～77.2毫升加蒸馏水至100毫升搅匀，用于皮肤、针头、体温计等的消毒。本品易燃，勿近火。

(5)5%碘酊　碘片5克，碘化钾2.5克，先取碘化钾加适量75%酒精溶解后，再加入碘片研磨，使其完全溶解后加75%酒精至100毫升。本品外用有强大的杀菌力，常用于皮肤消毒。饮水消毒时每升水加入8～10滴，振荡15分钟，可杀灭细菌而供饮用。本品忌与甲紫溶液、汞溴红溶液同用。

(6)5%碘甘油　碘片5克，碘化钾5克，蒸馏水5毫升，先取碘化钾加蒸馏水溶解，再加入碘片至完全溶解后，加入甘油至100毫升。局部用于口腔黏膜、舌黏膜、齿龈感染及泄殖腔黏膜、阴道黏膜等炎症和溃疡。

(7)石炭酸　对细菌、真菌和病毒有杀灭作用，对芽孢无作用。常用2%～5%水溶液，取苯酚0.2～0.5千克，加水至10升，搅拌均匀，用于消毒圈舍、污物、蛋箱等。本品对皮肤有刺激作用，使用时应避免接触皮肤。

(8)甲酚皂　毒性较苯酚小，杀菌作用更强。对细菌、真菌和病毒有杀灭作用，但难以杀灭芽孢。

①5%甲酚皂溶液　取甲酚皂2.5千克，加水47.5升搅匀，用于畜禽舍、排泄物及场地等的消毒。

②1%～2%甲酚皂溶液　取甲酚皂0.1千克，加水至5～10

升搅匀，用于体表、手和器械的消毒。

(9)克辽林(臭药水)　取克辽林 5 千克，加水 45 升混合均匀即成 10%乳状液，常用于圈舍、场地及用具的消毒。3%溶液可驱除体外寄生虫。

(10)高锰酸钾　是一种强氧化剂，常用于饮水、水槽和饲槽的消毒，也用于皮肤、腔道的冲洗。取高锰酸钾 1～2 克，加水 1 升，溶解搅匀即成 0.1%～0.2%溶液。0.1%溶液常用于腔道冲洗，0.2%溶液常用于皮肤伤口消毒。

附表一 常用药物配伍效果

类别	药物	配伍药物	结果
青霉素类药物（β-内酰胺类药物）	青霉素钠、青霉素钾、氨苄青霉素、阿莫西林	氨茶碱、磺胺类药物	沉淀、分解失效
头孢菌素类药物（β-内酰胺类药物）	头孢噻呋、头孢氨苄、头孢拉定、头孢曲松	氨茶碱、磺胺类药物、红霉素、强力霉素、氟苯尼考	分解、失效
		新霉素、庆大霉素、喹诺酮类药物、硫酸黏杆菌素	疗效增强
氨基糖苷类药物	硫酸链霉素、硫酸庆大霉素、硫酸卡那霉素、硫酸新霉素、安普霉素	维生素C	抗菌作用减弱
		同类药物	毒性增强
		青霉素、头孢菌素类、强力霉素、甲氧苄啶	疗效增强
四环素类药物	四环素、土霉素、金霉素、多西环素	氨茶碱	分解失效
		同类药物、泰乐菌素、甲氧苄啶	疗效增强
		三价阳离子	形成络合物
酰胺醇类药物	氟苯尼考、甲砜霉素	氨苄西林钠、头孢拉定、头孢氨苄	疗效降低
		卡那霉素、磺胺类药物、喹诺酮类药物、链霉素	毒性增强
		强力霉素、新霉素、硫酸黏杆菌素	疗效增强

续附表一

类　别	药　物	配伍药物	结　果
大环内酯类药物	红霉素、替米考星、酒石酸乙酰、异戊酰泰乐菌素、酒石酸泰乐菌素	维生素C、阿司匹林、头孢菌素类药物、青霉素类药物	疗效降低
		卡那霉素、磺胺类药物、氨茶碱	毒性增强
		新霉素、庆大霉素、氟苯尼考	疗效增强
喹诺酮类药物	诺氟沙星、洛美沙星、环丙沙星、恩诺沙星、氧氟沙星、二氟沙星	氨茶碱	沉淀、分解失效
		四环素类药物、氟苯尼考、罗红霉素	疗效降低
		金属阳离子	形成不溶的络合物
		头孢氨苄、头孢拉定、氨苄西林、链霉素、新霉素、庆大霉素、磺胺类药物	疗效增强
磺胺类药物	磺胺喹啉钠、磺胺嘧啶钠、磺胺甲噁唑、磺胺五甲氧嘧啶、磺胺六甲氧嘧啶	头孢类、氨苄西林、维生素C	疗效降低
		氟苯尼考、红霉素	毒性增强
		甲氧苄啶、新霉素、庆大霉素、卡那霉素	疗效增强
多肽类药物	硫酸黏杆菌素、杆菌肽锌	阿托品、先锋霉素、新霉素、庆大霉素	毒性增强
		强力霉素、氟苯尼考、头孢氨苄、替米考星、喹诺酮类药物	疗效增强

附表二　常用药物的用法、用量与休药期

类别	名称	制剂	用法与用量	休药期（天）
抗寄生虫药物	阿苯达唑	片剂	口服，一次量，5～10 毫克/千克体重	7
	双甲脒	溶液	药浴、喷洒、涂擦，配成 0.025%～0.05%的溶液	7
	硫双二氯酚	片剂	口服，一次量，75～100 毫克/千克体重	
	非班太尔	片剂	口服，一次量，5 毫克/千克体重	14
	芬苯达唑	粉片剂	口服，一次量，5～7.5 毫克/千克体重	0
	氰戊菊酯	溶液	喷雾，加水以 1∶1000～2000 倍稀释	28
	氟苯咪唑	预混剂	混饲，每 1000 千克饲料添加 30 克，连用 5～10 天	14
	伊维菌素	注射液	皮下注射，一次量，0.3 毫克/千克体重	18
		预混剂	混饲，每 1000 千克饲料添加 330 克，连用 7 天	5
	盐酸左旋咪唑	片剂	口服，一次量，7.5 毫克/千克体重	3
		注射液	皮下、肌内注射，一次量，7.5 毫克/千克体重	28
	奥芬达唑	片剂	口服，一次量，4 毫克/千克体重	7
	丙氧苯咪唑	片剂	口服，一次量，10 毫克/千克体重	14
	枸橼酸哌嗪	片剂	口服，一次量，0.25～0.3 克/千克体重	21
	磷酸哌嗪	片剂	口服，一次量，0.2～0.25 克/千克体重	21
	吡喹酮	片剂	口服，一次量，10～35 毫克/千克体重	
	盐酸噻咪唑	片剂	口服，一次量，10～15 毫克/千克体重	3

续附表二

类 别	名 称	制 剂	用法与用量	休药期（天）
抗菌药物	氨苄西林钠	注射用粉针	肌内、静脉注射，一次量，10～20 毫克/千克体重，每天 2～3 次，连用 2～3 天	28
		注射液	皮下或肌内注射，一次量，5～7 毫克/千克体重	15
	硫酸安普（阿普拉）霉素	预混剂	混饲，每 1000 千克饲料添加 80～100 克，连用 7 天	21
		可溶性粉	混饮，每 1 升水，12.5 毫克/千克体重，连用 7 天	21
	阿美拉霉素	预混剂	混饲，每 1000 千克饲料，0～4 月龄添加 20～40 克，4～6 月龄添加 10～20 克	0
	杆菌肽锌	预混剂	混饲，每 1000 千克饲料，4 月龄以下添加 4～40 克	0
	杆菌肽锌、硫酸黏杆菌素	预混剂	混饲，每 1000 千克饲料，4 月龄以下添加 2～20 克，2 月龄以下添加 2～40 克	7
	苄星青霉素	注射用粉针	肌内注射，一次量，每千克体重 3 万～4 万单位	40
	青霉素钠（钾）	注射用	肌内注射，一次量，每千克体重 2 万～3 万单位	15
	硫酸小檗碱	注射液	肌内注射，一次量，50～100 毫克	7
	头孢噻呋钠	注射用粉针	肌内注射，一次量，3～5 毫克/千克体重，每天 1 次，连用 3 天	0
	硫酸黏杆菌素	预混剂	混饲，每 1000 千克饲料仔猪添加 2～20 克	7
		可溶性粉剂	混饮，每升水添加 40～200 毫克	7

续附表二

类别	名称	制剂	用法与用量	休药期（天）
抗菌药物	甲磺酸达氟沙星	注射液	肌内注射，一次量，1.25～2.5 毫克/千克体重，每天 1 次，连用 3 天	25
	越霉素 A	预混剂	混饲，每 1000 千克饲料添加 5～10 克	15
	盐酸二氟沙星	注射液	肌内注射，一次量，5 毫克/千克体重，每天 2 次，连用 3 天	45
	盐酸多西环素	片剂	口服，一次量，3～5 毫克，每天 1 次，连用 3～5 天	
	恩诺沙星	注射液	肌内注射，一次量，2.5 毫克/千克体重，每天 1～2 次，连用 2～3 天	10
	恩拉霉素	预混剂	混饲，每 1000 千克饲料添加 2.5～20 克	7
	乳糖酸红霉素	注射用粉针	静脉注射，一次量，3～5 毫克，每天 2 次，连用 2～3 天	
	黄霉素	预混剂	混饲，每 1000 千克饲料，生长、肥育猪添加 5 克，仔猪添加 10～25 克	0
	氟苯尼考	注射液	肌内注射，一次量，20 毫克/千克体重，每隔 48 小时 1 次，连用 2 次	30
		粉剂	口服，20～30 毫克/千克体重，每天 2 次，连用 3～5 天	30
	氟甲喹	可溶性粉剂	口服，一次量，5～10 毫克/千克体重，首次量加倍，每天 2 次，连用 3～4 天	
	硫酸庆大霉素	注射液	肌内注射，一次量，2～4 毫克/千克体重	40
	硫酸庆大-小诺霉素	注射液	肌内注射，一次量，1～2 毫克/千克体重，每天 2 次	28
	潮霉素 B	预混剂	混饲，每 1000 千克饲料添加 10～13 克，连用 8 周	15

续附表二

类别	名称	制剂	用法与用量	休药期（天）
抗菌药物	硫酸卡那霉素	注射用粉针	肌内注射，一次量，10～15毫克，每天2次，连用2～3天	7
	北里霉素	片剂	口服，一次量，20～30毫克/千克体重，每天1～2次	
		预混剂	混饲，每1000千克饲料，防治时添加80～330克，促生长时添加5～55克	7
	酒石酸北里霉素	可溶性粉剂	混饮，每升水添加100～200毫克，连用1～5天	7
	盐酸林可霉素	片剂	口服，一次量，10～15毫克/千克体重，每天1～2次，连用3～5天	1
		注射液	肌内注射，一次量，10毫克/千克体重，每天2次，连用3～5天	2
		预混剂	混饲，每1000千克饲料添加44～77克，连用7～21天	5
	盐酸林可霉素、硫酸壮观霉素	可溶性粉剂	混饮，每升水添加10毫克/千克体重	5
		预混剂	混饲，每1000千克饲料添加44克，连用7～21天	5
	博落回	注射液	肌内注射，一次量，体重10千克以下10～25毫克，体重10～50千克25～50毫克，每天2～3次	28
	乙酰甲喹	片剂	口服，一次量，5～10毫克/千克体重	
	硫酸新霉素	预混剂	混饲，每1000千克饲料添加77～154克，连用3～5天	3

续附表二

类别	名称	制剂	用法与用量	休药期（天）
抗菌药物	硫酸新霉素、甲溴东莨菪碱	溶液剂	口服，一次量，体重 7 千克以下 1 毫升（按泵 1 次），体重 7～10 千克 2 毫升	3
	呋喃妥因	片剂	口服，一日量，12～15 毫克/千克体重，分 2～3 次	
	喹乙醇	预混剂	混饲，每 1000 千克饲料添加 1000～2000 克，体重超过 35 千克的禁用	35
	牛至宝	溶液剂	口服，预防（2～3 日龄），每头 50 毫克，8 小时后重复给药 1 次；治疗时，10 千克以下每头 50 毫克，10 千克以上每头 100 毫克，用药后 7～8 小时腹泻仍未停止时，重复给药 1 次	
		预混剂	混饲，每 1000 千克饲料，预防时添加 1.25～1.75 克，治疗时添加 2.5～3.25 克	
	苯唑西林钠	注射用粉针	肌内注射，一次量，10～15 毫克/千克体重，每天 2～3 次，连用 2～3 天	5
	土霉素	片剂	口服，一次量，10～25 毫克/千克体重，每天 2～3 次，连用 3～5 天	5
		注射液（长效）	肌内注射，一次量，10～20 毫克/千克体重	28
	盐酸土霉素	注射用粉针	静脉注射，一次量，5～10 毫克/千克体重，每天 2 次，连用 2～3 天	26
	普鲁卡因青霉素	注射用粉针	肌内注射，一次量，2 万～3 万单位，每天 1 次，连用 2～3 天	6
		注射液	同上	6
	盐霉素钠	预混剂	混饲，每 1000 千克饲料添加 25～75 克	5

续附表二

类　别	名　称	制　剂	用法与用量	休药期（天）
抗菌药物	盐酸沙拉沙星	注射液	肌内注射，一次量，2.5～5毫克/千克体重，每天2次，连用3～5天	
	赛地卡霉素	预混剂	混饲，每1000千克饲料添加75克，连用15天	1
	硫酸链霉素	注射用粉针	肌内注射，一次量，10～15毫克/千克体重，每天2次，连用2～3天	
	磺胺二甲嘧啶钠	注射液	静脉注射，一次量，50～100毫克/千克体重，每天1～2次，连用2～3天	7
	复方磺胺甲噁唑片	片　剂	口服，一次量，首次量20～25毫克/千克体重（以磺胺甲噁唑计），每天2次，连用3～5天	28
	磺胺对甲氧嘧啶	片　剂	口服，一次量，50～100毫克，维持量25～50毫克，每天1～2次，连用3～5天	28
	磺胺对甲氧嘧啶、二甲氧苄氨嘧啶片	片剂	口服，一次量，20～25毫克/千克体重（以磺胺对甲氧嘧啶计），每12小时1次	28
	复方磺胺对甲氧嘧啶片	片　剂	口服，一次量，20～25毫克/千克体重（以磺胺对甲氧嘧啶计），每天1～2次，连用3～5天	28
	复方磺胺对甲氧嘧啶钠注射液	注射液	肌内注射，一次量，15～20毫克/千克体重（以磺胺对甲氧嘧啶钠计），每天1～2次，连用2～3天	28
	磺胺间甲氧嘧啶	片　剂	口服，首次量50～100毫克，维持量25～50毫克，每天1～2次，连用3～5天	28
	磺胺间甲氧嘧啶钠	注射液	静脉注射，一次量，50毫克/千克体重	28

续附表二

类别	名称	制剂	用法与用量	休药期（天）
抗菌药物	磺胺脒	片剂	口服，一次量，0.1～0.2克/千克体重，每天2次，连用3～5天	28
	磺胺嘧啶	片剂	口服，首次量0.14～0.2克/千克体重，维持量0.07～0.1克/千克体重，每天2次，连用3～5天	28
		注射液	静脉注射，一次量，0.05～0.1克/千克体重（以磺胺嘧啶计），每天1～2次，连用2～3天	28
	复方磺胺嘧啶钠注射液	注射液	肌内注射，一次量，20～30毫克/千克体重（以磺胺嘧啶钠计），每天1～2次，连用2～3天	5
	复方磺胺嘧啶预混剂	预混剂	混饲，一次量，15～30毫克/千克体重，连用5天	5
	磺胺噻唑	片剂	口服，首次量0.14～0.2克/千克体重，维持量0.07～0.1克/千克体重，每天2～3次，连用3～5天	0
	磺胺噻唑钠	注射液	静脉注射，一次量，0.05～0.1克/千克体重，每天2次，连用2～3天	28
	复方磺胺氯哒嗪钠粉	粉剂	口服，一次量，20毫克/千克体重（以磺胺氯哒嗪钠计），连用5～10天	3
	盐酸四环素	注射用粉针	静脉注射，一次量，5～10毫克/千克体重，每天2次，连用2～3天	10
	甲砜霉素	片剂	口服，一次量，5～10毫克/千克体重，每天2次，连用2～3天	28
	延胡索酸泰妙菌素	可溶性粉剂	混饮，每升水添加45～60毫克，连用5天	7
		预混剂	混饲，每1000千克饲料添加40～100克，连用5～10天	5

续附表二

类别	名称	制剂	用法与用量	休药期（天）
抗菌药物	磷酸替米考星	预混剂	混饲，每1000千克饲料添加400克，连用15天	14
	泰乐菌素	注射液	肌内注射，一次量，5～13毫克/千克体重，每天2次，连用7天	14
	磷酸泰乐菌素	预混剂	混饲，每1000千克饲料添加10～100克，连用5～7天	5
	磷酸泰乐菌素、磺胺二甲嘧啶预混剂	预混剂	混饲，每1000千克饲料添加200克（泰乐菌素100克＋磺胺二甲嘧啶100克），连用5～7天	15
	维吉尼亚霉素	预混剂	混饲，每1000千克饲料添加10～25克	1

农区科学养羊技术问答 15.00
肉羊高效益饲养技术(第2版) 9.00
肉羊无公害高效养殖 20.00
肉羊高效养殖教材 6.50
绵羊繁殖与育种新技术 35.00
滩羊选育与生产 13.00
怎样养山羊(修订版) 9.50
小尾寒羊科学饲养技术(第2版) 8.00
波尔山羊科学饲养技术(第2版) 16.00
南方肉用山羊养殖技术 9.00
奶山羊高效益饲养技术(修订版) 9.50
农户舍饲养羊配套技术 17.00
实用高效种草养畜技术 10.00
种草养羊技术手册 15.00
南方种草养羊实用技术 20.00
科学养兔指南 32.00
中国家兔产业化 32.00
专业户养兔指南 19.00
养兔技术指导(第三次修订版) 19.00
实用养兔技术(第2版) 10.00
种草养兔技术手册 14.00
新法养兔 18.00
獭兔高效益饲养技术(第3版) 15.00
獭兔高效养殖教材 10.00
长毛兔高效益饲养技术(修订版) 13.00
肉兔高效益饲养技术(第3版) 15.00
养殖畜禽动物福利解读 11.00
反刍家畜营养研究创新思路与试验 20.00
科学养殖致富100例 15.00
图说毛皮动物毛色遗传及繁育新技术 14.00
肉鸽信鸽观赏鸽 9.00
斗鸡饲养与训练 16.00
实用养狍新技术 15.00
野猪驯养与利用 12.00
养蛇技术 5.00
特种昆虫养殖实用技术 18.00
新编柞蚕放养技术 9.00
养蜂技术(第4版) 11.00
养蜂技术指导 10.00
科学养蜂技术图解 9.00
养蜂生产实用技术问答 8.00
实用养蜂技术(第2版) 10.00
蜂王培育技术(修订版) 8.00
蜂王浆优质高产技术 5.50
蜜蜂育种技术 12.00
蜜蜂病虫害防治 7.00
蜜蜂病害与敌害防治 12.00
中蜂科学饲养技术 8.00
林蛙养殖技术 6.00
水蛭养殖技术 8.00